高 等 学 校 教 材

YIQI FENXI
SHIYAN

仪器分析实验

禚林海 主编

刘晶静 王桂香 副主编

化学工业出版社

·北京·

内 容 简 介

《仪器分析实验》是根据实验教学的发展需要，结合多年的教学实践，参考了近年来国内外仪器分析实验教材的众多优点而编写的实验教材。全书共分为五章。第一章为分析实验室基础知识；第二章为实验的准备、预习和实验报告；第三章为实验数据记录与处理；第四章为实验部分，包括基本实验46个，并设置16个与日常生活以及科研等密切相关的设计实验；第五章收录了一些常规仪器的操作规程。

《仪器分析实验》可作为高等学校化学、化工、材料、环境科学、生命科学、食品、农业等多个专业本科生的仪器分析实验教材，也可以供各高等院校相关领域的教师、实验技术人员和研究生参考使用。

图书在版编目（CIP）数据

仪器分析实验/禚林海主编；刘晶静，王桂香副主编 . —北京：化学工业出版社，2023.2
 ISBN 978-7-122-42452-5

Ⅰ. ①仪…　Ⅱ. ①禚…②刘…③王…　Ⅲ. ①仪器分析-实验-高等学校-教材　Ⅳ. ①O657-33

中国版本图书馆 CIP 数据核字（2022）第 203564 号

责任编辑：汪　靓　宋林青　王　岩　　　　　　　　装帧设计：史利平
责任校对：王　静

出版发行：化学工业出版社（北京市东城区青年湖南街 13 号　邮政编码 100011）
印　　装：三河市延风印装有限公司
787mm×1092mm　1/16　印张 9¼　字数 224 千字　2023 年 3 月北京第 1 版第 1 次印刷

购书咨询：010-64518888　　　　　　　　　　售后服务：010-64518899
网　　址：http://www.cip.com.cn
凡购买本书，如有缺损质量问题，本社销售中心负责调换。

编写人员

主　　编　禚林海

副 主 编　刘晶静　王桂香

编写人员　(按姓氏笔画排列)

王　芬（泰山学院）

王昌安（泰山学院）

王桂香（泰山学院）

牛金叶（山东理工大学）

刘晶静（泰山学院）

李　群（泰山学院）

何春红（泰山学院）

张金军（泰山学院）

赵仕华（泰山学院）

赵燕云（泰山学院）

侯现明（泰山学院）

常建国（泰山学院）

程学礼（泰山学院）

禚林海（泰山学院）

前言

　　仪器分析实验课程是仪器分析课程的重要组成部分，是高等学校化学、化工、材料、环境科学、生命科学、食品、农业等多个专业的基础实验课程之一。仪器分析实验具有很强的实践性，通过该课程的学习，不仅可以进一步巩固学生的基本操作技能，提高观察问题、分析问题和解决问题的能力，还能培养学生严谨求实的科学态度和独立创新的能力。加强仪器分析实验教学对于全面提高学生素质非常重要，仪器分析实验教材则是实验教学质量的重要保障。

　　《仪器分析实验》在内容的编排上，力求结合实际，突出实验方法的简洁明了。第一章为分析实验室基础知识，其中的部分内容在《基础化学实验》或者《分析化学实验》等教材上已经阐述过，但是由于涉及实验室的安全以及一些基本的规章制度，将其再次收录在本书中十分必要。第二章讲述了实验的准备、预习和实验报告，对实验准备教师、指导教师和学生如何进行实验进行了规范化的指导。第三章为实验数据记录与处理。第四章为实验部分，主要包括光学分析法实验、电化学分析法实验、色谱分析法实验，还收录了一些现代仪器分析方法，每类分析仪器分别安排了有代表性的实验，力争实现基础与前沿、经典与现代的有机结合。本章实验包括基本实验 46 个，设计性实验 16 个。第五章收录了一些常规仪器的操作规程，在进行实验之前，可以查阅一些常规仪器的使用方法。附录为一些常用的文献查阅方法以及一些基本的实验参数等。

　　《仪器分析实验》由泰山学院化工与材料科学学院与山东理工大学测试中心共同编写。襟林海任主编，刘晶静、王桂香任副主编，另外，王芬、侯现明、赵燕云、张金军、常建国、何春红、程学礼、牛金叶、赵仕华、李群、王昌安参与了本书内容的编写。本教材的编写按照仪器分析实验教学大纲的要求，参考了近年来国内外仪器分析实验教材的众多优点，并吸收了一些内容，在此表示感谢！本教材的出版得到了泰山学院"教材建设基金"的支持，谨致谢意！

　　由于编者水平有限，书中的不当和疏漏之处在所难免，诚恳地希望读者批评指正。

编者

2022 年 8 月于泰山学院

目 录

第一章

分析实验室基础知识

第一节 仪器分析实验相关知识

一、仪器分析的作用

分析化学方法按照测定原理可以分为化学分析法和仪器分析法，仪器分析法是以测量物质的物理或物理化学性质为基础的分析方法，通常需要特殊的仪器，故得名"仪器分析"。随着科学技术的发展，分析化学在方法和实验技术方面都发生了深刻的变化，特别是新的仪器分析方法不断出现，其应用日益广泛，老的仪器分析方法不断更新完善，甚至化学分析法也在不断地仪器化，从而使仪器分析在一切与化学有关的领域内应用日益广泛，在分析化学中所占的比重不断增长，成为 21 世纪实验化学的重要支柱。在现代的科学研究和实际生产中，仪器分析作为现代的分析测试手段，也日益广泛地为各领域的科研和生产提供大量的有关物质组成和结构方面的信息。

分析仪器是人们获取物质成分、结构和状态信息、认识和探索自然规律不可缺少的有利工具，分析仪器的制造水平和对分析仪器的需求反映了一个国家经济和科学发展的水平。现代分析化学实验室使用的分析仪器，许多都是集光、机、电、热、磁、声等多学科的综合系统，融入了各种新材料、新器件、微电子技术、激光、人工智能技术、数字图像处理、化学计量学等方面的新成就，使分析化学获取物质定性、定量、形态、形貌、结构、微区等方面信息的能力得到极大的提高，采集和处理信息的速度越来越快，获得的信息量越来越大，采集信息的质量越来越高，可以完成从组成到形态分析，从总体到微区表面、分布及逐层分析，从宏观组成到微区结构分析，从静态到快速反应动态分析，从破坏样品到无损分析，从离线到在线分析等多种复杂的分析任务。通过运用数据处理、信息科学理论，分析化学已由单纯的数据提供者，上升到从分析数据获取有用信息和知识，成为生产和科研实际问题的解决者。

仪器分析法和化学分析法是相辅相成的。多数仪器分析方法中的样品处理（溶样、干扰分离、试液配制等）需用化学分析方法中常用的基本操作技术，在建立新的仪器分析方法时，往往也需用化学分析法来验证。而对于一些复杂物质的分析，往往需用仪器分析法和化学分析法综合分析，例如主含量用化学分析法分析，微量或痕量组分用仪器分析法测定。因此，化学分析法是仪器分析法的基础，仪器分析法是化学分析法的发展，化学分析法对于高含量组分的分析仍然是仪器分析法所不能完全取代的。仪器分析法和化学分析法在使用时可以根据具体情况取长补短、互相配合。

二、仪器分析实验的作用

仪器分析实验课程是化学、化学工程与工艺、制药工程、高分子材料与工程、材料化学等专业重要的基础课程。仪器分析具有很强的实践性，虽然有关仪器分析的基本原理和方法可以通过课堂教学来解决，但从事分析的实际能力必须通过实验来培养，因此仪器分析实验是整个仪器分析教学中的重要组成部分。通过实验课程教学可以加深对仪器分析方法原理的理解，巩固课堂教学的效果。更重要的是在实验室通过教师对仪器的构造、工作原理和使用方法的介绍以及学生的实际操作可以使学生更好地了解仪器构造、工作原理和操作技术，掌握仪器分析方法，提高建立、选择分析条件及处理分析结果等技能，培养严谨、认真、细致、实事求是、理论联系实际的工作作风，锻炼动手能力及分析解决问题的能力，培养创新意识和团队协作精神，这些将会对学生的发展产生深远的影响。

不管学习仪器分析实验课程的学生今后是否从事仪器分析专业，都将从仪器分析实验中获益。对于将来从事仪器分析应用研究或分析仪器制造的学生，通过仪器分析课堂和实验教学，可以为将来的事业发展打下必要的基础。对于将来不从事这些专业的学生来说，掌握仪器分析这一强有力的科学实验手段，以便今后获取研究所需要的基础数据资料，而基础数据资料是进行深入研究与引出科学结论的出发点。对于任何一个科技人员，深厚的专业理论基础、训练有素地独立从事科学研究的工作能力与良好的工作作风都是未来事业成功的必备条件。

仪器分析实验的特点是操作比较复杂，影响因素较多，信息量大，需要对实验条件进行摸索、对实验所获得的大量数据进行分析才能获取所需要的信息，这些特点非常有利于培养学生理论联系实际，掌握和提高实验技能、分析推理能力。通过本课程的训练，学生要达到如下教学要求：

① 具备认真观察、分析判断实验现象的能力，能客观求实地记录实验现象与结果；具备合理地处理实验结果、做出结论的能力；在分析实验结果的基础上，能正确地运用化学语言进行科学表达，独立撰写实验报告；具有解决实际化学问题的实验思维能力和动手操作能力。

② 可以根据实验需要，查阅手册、工具书、互联网等信息源获取必要信息，能独立、正确地设计实验方案（包括选择实验方法、实验条件、仪器和试剂、产品表征等），具有一定的创新思想与创新能力。

③ 具有实事求是、认真细致的科学态度，相互协作的团队精神以及创新意识等科学品德。

三、实验室管理规则

① 实验室是进行实验教学活动、课外科技活动、科研的重要场所，实验人员进实验室要穿工作服，非相关人员不得随意进出。

② 做好实验课的管理工作。a. 学期初，实验教学中心按照实验教学计划总体安排全院《实验课程表》，各实验室将实验课表贴在墙上；b. 分组实验于一周前登记；c. 实验结束后，做好实验室日志，对实验内容、试剂使用、卫生情况和仪器损坏情况进行登记；d. 以上资料按学期和年度装订成册存档。

③ 分组实验或课外科技活动结束时，教师清点仪器，整理好环境，由实验员验收，认

为合格后方准离开实验室，遇有仪器损坏或丢失，要当堂处理。

④ 做好档案资料管理工作。a. 实验室日志：记载各次实验，课外科技活动及其他与实验有关的各项工作；b. 各种仪器说明书的分类存档及大型仪器的使用情况记录；c. 实验室研究成果档案：记录研制，改进实验装置和自制教具情况，实验教学成果，科技活动发明制作，新设计或探索性实验等方面情况；d. 实验室（课）事故纪录；e. 有关实验室教学工作的文件杂志及书籍。

⑤ 遵守节约原则，节约水电、药品、材料，并爱护仪器。

⑥ 严格执行有关实验室工作的各项规章制度。对违反者及时批评教育。

四、学生守则

学生在实验室必须遵守如下实验室规则：

① 学生必须按规定的时间参加实验课，不得迟到、早退或旷课。

② 实验前必须认真预习实验内容，明确实验目的、原理、方法和步骤，经过课前教师提问，没有预习或提问不合格者，须重新预习，才可进行实验。

③ 学生必须穿实验服进入实验室，遵守实验室各项规章制度，保持安静，严禁高声喧哗、吸烟、随地吐痰或吃零食，不得随意动用与本实验无关的仪器。

④ 实验准备就绪后，须经指导教师检查同意方可进行实验。实验中应严格遵守实验要求，认真观察和分析实验现象，如实记录实验数据。

⑤ 实验中注意安全，节约水、电、药品、试剂等消耗材料，爱护实验仪器设备，凡违反操作规程或不听从指挥而造成事故、损坏仪器设备者，必须写出书面检查，并按学校有关规定赔偿损失。

⑥ 实验中若发生仪器故障或其他事故，应立即切断相关电源、水源等，停止操作，报告指导教师，待查明原因或排除故障后，方可继续进行实验。

⑦ 实验完毕后，应及时切断电源，关好水、气，将所用实验仪器、设备、药品等进行清理和归还，经指导教师同意后，方可离开实验室。

五、分析仪器使用规定

在进行仪器分析实验的过程中，要用到各种分析仪器，其中包括大型的分析仪器，这类仪器组成和结构复杂、价格昂贵、运行和维修成本较高。为了保证仪器正常运转，顺利完成教学任务，在使用分析仪器时必须注意以下几点：

① 任何人员在使用仪器之前必须经过相关专业技术人员的培训和指导，经实验室管理人员考核后方可上机操作，在使用中应严格遵守操作规程，爱护仪器设备，做好必要的维护和保养工作，保持仪器设备和台面等的干净整洁。

② 任何人员使用仪器设备时必须按实验室要求做好使用登记，认真填写该仪器设备的使用记录。

③ 实验人员使用不具备自动作业功能的仪器设备时，在仪器设备的运行中操作人员不得离开现场；使用具备自动作业功能的仪器设备时，应在仪器设备允许的条件和范围内合理使用，禁止超范围运转。

④ 在实验室操作时，严禁改变仪器设备的基本功能和用途。不得随意移动功率或体积较大的仪器设备。

⑤ 学生在进入实验室后，应按照预习内容或者教材上仪器的结构认识仪器的各个组成部分，不要轻易触碰仪器上的开关和按钮。

⑥ 实验结束后，应将所用仪器复原，清洗用过的器皿，整理实验室的各类设备和环境卫生。

第二节　实验安全相关知识

一、实验室安全基本知识

1. 学生在实验室做到三禁

① 禁止手触、鼻闻、口尝任何化学药品。

② 禁止用一盏酒精灯点燃另一盏酒精灯。

③ 禁止用试管加热液体时，试管口对着自己或旁人。

2. 安全用电常识

违章用电可能造成人身伤亡、火灾、损坏仪器设备等严重事故，为了保障人身安全，一定要遵守实验室安全规则，防止触电。

① 不用潮湿的手接触电闸或者电器插头。

② 如有人触电，应迅速切断电源，然后进行抢救。

③ 室内若有易燃易爆气体，应避免产生电火花。仪器设备工作和开关电闸时，易产生电火花，要特别小心。仪器设备接触点（如电插头）接触不良时，应及时修理或更换。

④ 如遇电线起火，立即切断电源，用沙或二氧化碳、四氯化碳灭火器灭火，禁止用水或泡沫灭火器等导电液体灭火。

3. 使用化学药品的安全防护

（1）防毒

① 实验前，应了解所用药品的毒性及防护措施。

② 如 H_2S、Cl_2、Br_2、NO_2、SO_2、CO、HCl 和 HF 等有毒气体的操作应在通风橱内进行。

③ 苯、四氯化碳、乙醚、硝基苯等的蒸气会引起中毒，它们有特殊气味，久嗅会使人嗅觉减弱，所以应在通风良好的环境下使用。

④ 有些药品（如苯、有机溶剂、汞等）能透过皮肤进入人体，应避免与皮肤接触。

⑤ 氰化物、高汞盐［$HgCl_2$、$Hg(NO_3)_2$ 等］、可溶性钡盐（$BaCl_2$）、重金属盐（如镉、铅盐）、三氧化二砷等剧毒药品，应妥善保管，使用时要特别小心。

⑥ 禁止在实验室内进食、喝饮料，饮食用具不要带进实验室，以防毒物污染，离开实验室及饭前要洗净双手。

（2）防爆

可燃气体（如 H_2、CO、CH_4 等）以及粉尘与空气混合，当两者比例达到爆炸极限时，受到热源（如电火花）的诱发，就会引起爆炸。

① 使用可燃性气体时，要防止气体逸出，室内通风要良好。

② 操作大量可燃性气体时以及有粉尘的环境下，严禁同时使用明火，还要防止发生电火花及其他撞击火花。

③ 如叠氮化铝、乙炔银、乙炔铜、高氯酸盐、过氧化物等受震和受热都易引起爆炸的药品，使用时要特别小心。

④ 严禁将强氧化剂和强还原剂放在一起。

⑤ 久藏的乙醚使用前，应先除去其中可能产生的过氧化物。

⑥ 进行容易引起爆炸的实验，应有防爆措施。

（3）防火

① 大量使用如乙醚、丙酮、乙醇、苯等非常容易燃烧的有机溶剂时，室内不能有明火、电火花或静电放电。这类药品实验室内不可存放过多，用后还要及时回收处理，不可倒入下水道，以免聚集引起火灾。

② 如磷、金属钠、钾、电石及金属氢化物等，在空气中易氧化自燃；还有一些金属如铁、锌、铝等粉末比表面大也易在空气中氧化自燃，这些物质要隔绝空气保存，使用时要特别小心。

（4）防灼伤

强酸、强碱、强氧化剂、溴、磷、钠、钾、苯酚、冰醋酸等都会腐蚀皮肤，特别要防止溅入眼内。液氧、液氮等低温也会严重灼伤皮肤，使用时要小心，万一灼伤应及时治疗。

（5）气体使用操作规程

从气体厂刚充满氧的钢瓶压力可达 15MPa，使用氧气需用氧气压力表。使用氧气时的注意事项：

① 搬运钢瓶时，防止剧烈振动，严禁连氧气表一起装车运输。

② 严禁与氢气同在一个实验室里面使用。

③ 尽可能远离热源。

④ 开阀门及调压时，人不要站在钢瓶出气口处，头不要在钢瓶头之上，而应在瓶之侧面，以保人身安全。

⑤ 防止漏气，若漏气应将螺旋旋紧或换皮垫。

⑥ 钢瓶内压力在 0.5MPa 以下时，不能再用，应该去灌气。

二、实验室安全规则

① 实验室内严禁烟火，严禁闲杂人员入内。

② 实验人员要充分熟悉如灭火器、急救箱的存放位置和使用方法，安全用具及急救药品不准移作他用。

③ 盛药品的容器上应贴上标签，注明名称、溶液浓度。各种危险药品要根据其性能、特点分门别类贮存，并定期进行检查，以防意外事故发生。

④ 任何人不得私自将药品带出实验室，剧毒、易制毒、易制爆化学品严格实行"双人接收，双人保管"制度，由专人、专类、专柜保管。使用完后实行单独回收（不跟普通化学药品一起回收），由学校统一处理，不得单独处理。

⑤ 产生有刺激性或有毒气体的实验必须在通风橱内进行。

⑥ 具有强烈的腐蚀性的浓酸、浓碱，用时要特别小心，切勿使其溅在衣服或皮肤上。废酸应倒入酸缸，但不要向酸缸里直接倾倒碱液，以免酸碱中和放出大量的热而发生危险。

⑦ 实验中所用药品不得随意散失、遗弃，对产生有害气体的实验应按规定处理，以免

污染环境，影响健康。

⑧ 进行加热操作或者激烈反应时，实验人员不得离开现场。

⑨ 使用精密仪器时，应严格按照操作规程，仪器使用完毕后，将仪器恢复到原来设置，关闭电源。

⑩ 实验完毕后，对实验室作一次系统的检查，关好水、电和门窗，确保安全。

三、实验室常见急救及意外事故的处理

1. 实验室常用急救工具

（1）消防器材

包括：泡沫灭火器、四氯化碳灭火器、干粉灭火器、灭火毯、消防沙等。

① 灭火器的使用：

a. 拿着把手将灭火器提起，使用前先将瓶身颠倒几次，使瓶内干粉松动，拿掉铅封；

b. 拔去保险，不要压住把手，否则保险不易拔出；

c. 在离起火点1.5米以上（如是电器起火，应更远）的侧后方瞄准起火点；

d. 左手握喷管，右手按住喷射装置，对准火焰根部喷射，且水平横向移动，将干粉包围覆盖起火点，直至火势全部扑灭。

② 灭火毯的使用：将灭火毯存放在实验室灭火器材存放区，其具有隔热效果，可以用于扑灭一些火势较小的火灾。灭火时，只需将灭火毯打开直接覆盖在火源上。此外灭火毯还可以用于大型火灾时的紧急逃生，只需要将灭火毯打开将身体包裹起来。

③ 消防沙的使用：将消防沙盛于红色的消防沙桶，消防沙颗粒更细，具有良好的密闭性，一般用于扑灭油类的初起火灾，同时也可用于高温液态物或液体着火时的吸附和阻截。

（2）急救药箱

包括：碘酒、红汞、紫药水、甘油、凡士林、烫伤药膏、70%的酒精、3%的双氧水、1%的乙酸溶液、1%的硼酸溶液、1%的饱和碳酸钠溶液、绷带、纱布、药棉、棉签、橡皮膏、医用镊子、剪刀等。

2. 实验室中意外事故的处理

（1）割伤处理

① 用药棉及硼酸水擦洗伤口，将一切附着物完全清除，涂以碘酒。

② 用纱布包好伤口，注意用碘酒涂伤口后，碘酒必须蒸发后才可包扎。

③ 大量出血或割伤应去医院治疗。

（2）轻度烫伤或烧伤处理

轻度烫伤或烧伤用硼酸水及药膏涂抹，用纱布扎包好；烫泡大者，不可刮破，须由医生酌情处理。

（3）药品腐蚀伤处理

① 被酸或碱烧伤时，尽快地用水冲洗，然后涂中和剂（被碱烧伤时用醋酸或硼酸，被酸烧伤时用碳酸氢钠溶液）。

② 迅速清洗至伤口变白，然后涂以甘油。

③ 被金属钠腐蚀伤的情况与被碱腐蚀伤的情况处理方式相同。

（4）眼睛受伤处理

眼睛受伤立即用水冲洗眼睛（不可用手擦和摸眼睛），对眼睛进行中和时应特别小心只能用不大于 1% 的硼酸或碳酸氢钠溶液，最后以蒸馏水冲洗。

四、实验室三废的处理

为了减少污染，根据实验室"三废"排放的特点和现状，妥善处理实验中产生的有害固体、液体和气体废弃物。应该按照废弃物形态或污染性质分类回收，然后按照《危险废物储存污染控制标准》（GB 18597—2001）、《危险废物焚烧污染控制标准》（GB 18484—2001）、《危险废物填埋污染控制标准》（GB 18598—2001）等国家标准自行或者委托相关专业公司进行储存、焚烧、填埋等处理。

1. 废气

对少量的有毒气体可通过通风设备（通风橱或通风管道）经稀释后排至室外，如氮、硫、磷的酸性氧化物气体，用导管通入碱液中，使其先被吸收后排出。

2. 废液

根据废液化学特性选择合适的容器和存放地点，密闭存放；防止挥发性气体逸出而污染环境；贮存时间不太长，贮存数量也不太多；存放地有良好通风。含汞、铅、镉、砷、铜等重金属的废液由专人按照安全环保要求进行处理，不得私自乱倒，污染环境。对实验室内小量废液的处理参照以下方法。

（1）含汞废弃物的处理

在实验室里若不小心将金属汞洒落（如打碎压力计、温度计或极谱分析操作不慎将汞洒落在实验台、地面上等）必须及时清除。用滴管、毛笔或用粗铜丝将洒落的汞收集于烧杯中，并用水覆盖。洒落在地面难以收集的微小汞珠应立即洒上硫黄粉，使其反应生成毒性较小的硫化汞，或喷上酸性高锰酸钾溶液（每升高锰酸钾溶液中加 5mL 浓盐酸），过 1~2h 后再清除，或喷上 20% 三氯化铁水溶液，待干后再清除干净。

如果室内的汞蒸气浓度超过 $0.01mg/m^3$，将碘加热或自然升华，碘蒸气与空气中的汞生成不易挥发的碘化汞，然后彻底清扫干净。实验中产生的含汞废气可导入高锰酸钾吸收液内，经吸收后排出。

（2）含铅、镉废液的处理

镉在 pH 值高的溶液中能沉淀下来，对含铅废液的处理通常采用混凝沉淀法、中和沉淀法。因此可用碱或石灰乳将废液 pH 值调至 9，使废液中的 Pb^{2+}、Cd^{2+} 生成 $Pb(OH)_2$ 和 $Cd(OH)_2$ 沉淀，加入 $FeSO_4$ 作为共沉淀剂，沉淀物可与其他无机物混合进行烧结处理，清液可排放。

（3）含铬废液的处理

采用还原剂（如铁粉、锌粉、亚硫酸钠、硫酸亚铁、二氧化硫或水合肼等），在酸性条件下将 Cr^{6+} 还原为 Cr^{3+}，然后加入碱（如氢氧化钠、氢氧化钙、碳酸钠、石灰等），调节废液 pH 值，生成低毒的 $Cr(OH)_3$ 沉淀，分离沉淀，清液可排放。沉淀经脱水干燥后或综合利用，或用焙烧法处理，使其与煤渣和煤粉一起焙烧，处理后的铬渣可填埋。一般认为，将废水中的铬离子形成铁氧体（使铬镶嵌在铁氧体中），则不会有二次污染。

（4）含铜废液的处理

酸性含铜废液常见为 $CuSO_4$ 废液和 $CuCl_2$ 废液，一般可采用硫化物沉淀法进行处理

（pH 值调节约为 6），也可用铁屑还原法回收铜。碱性含铜废液，如含铜铵腐蚀废液等，其浓度较低且含有杂质，可采用硫酸亚铁还原法处理。

3. 废渣的处理

有毒废渣应按照环保要求进行处理后，由专人深埋在指定地点（远离水源，场地底土不透水，不能渗入地下水层），有回收价值的废渣应回收利用。

第二章

实验准备、预习和实验报告

第一节 实验准备教师工作细则

实验准备教师应熟悉教学大纲和教材的要求，根据学院的教学计划及设备器材情况，配合实验指导教师制定实验教学计划，将拟开设的学生实验项目于实验前完成准备工作，为此，实验准备教师要做到以下几点：

① 实验前，实验准备教师应按照实验要求准备实验所需的仪器设备和各种化学试剂及药品，认真核查实验所用仪器是否完好，确保仪器能够正常工作。

② 每次实验前要保持实验室的仪器、玻璃器皿、试剂瓶、药品摆放整齐，并保持实验室文明整洁。实验后协助指导教师督促学生清扫实验室、整理实验台。

③ 实验准备教师应于实验课开始前15分钟到达实验室，并配合实验指导教师检查实验用品及仪器。实验过程中应始终在实验室协助实验指导教师指导学生实验。

④ 每个实验室房间设立清洁卫生负责人，各房间的卫生由在该实验室工作的人员轮流清扫，每天应清扫一次，每周进行一次大的清扫。

⑤ 做好实验室设备的日常维护工作，使用中发现故障应及时排除或课后及时修理。使用后应原位存放，并做好设备器材的维护、保养及一般修理工作，保证科研、教学工作的顺利进行。

⑥ 做好实验室工作档案的收集、整理、存档、上交工作。

第二节 实验指导教师工作细则

实验指导教师在学生实验过程中起着主导作用，为此，指导教师要做到以下几点：

① 在每学期开学前，根据教学大纲和教材制定实验教学计划，将要开展的实验项目提前告知学生，做好学生的实验预习工作。

② 认真备课、预做实验。实验指导教师应首先认真预习所指导的实验项目，详细了解实验的基本要求、基本内容及实验步骤，并在此基础上进行实验预做。通过预做实验核对实验内容准备情况，了解实验用器皿配备是否齐全，配制药品浓度是否合适，是否有遗漏的药品试剂，熟悉仪器设备的性能、使用方法及操作步骤，总结出仪器使用时应注意的事项、易发生危险的错误操作。通过预做实验，记录下准确的实验数据、分析和处理所得数据并得出正确的实验结论，在此基础上认真写出实验教案，确定衡量学生实验数据的标准。

③ 按时上课、认真指导。实验课指导教师要至少提前 10 分钟到岗，做好实验准备工作并严格按照规定学时数上课，不得以任何理由提前下课。实验教师在进实验室之前，必须穿整洁的实验服，同时要求学生穿实验服，无论教师还是学生均不得在化学实验室中穿裙子、短裤或凉鞋。上课时要坚守岗位，认真辅导学生进行实验研究，原则上不得以任何理由离开实验室，若确实需要临时离开实验室，应与准备实验教师打招呼，暂时由其代为指导，不得在上课时间从事与实验教学无关的事情。

④ 注意培养学生的独立工作能力、分析和解决问题的能力和创新精神。督促学生在实验过程中一直保持实验室的卫生，对学生在实验课上的表现做详细的记录，作为实验报告成绩的评分依据。

⑤ 学生完成实验后，认真检查实验数据并在实验记录上签字。要求学生洗刷干净实验器皿、整理好实验台，达到实验室的要求后方可离开实验室。

⑥ 实验报告及时批改、按时发放。教师要认真批改学生的实验报告，对其分析过程与实验结果给出评语，并指出学生在下次写实验报告时应注意的问题。实验报告要及时返发给学生。实验报告一般应采取记分制，教师应根据学生在实验中和在实验报告书写中反映出来的学习认真程度、实验效果、理解能力、独立工作能力、科学态度等给出恰当的评语和评分，并签名。

⑦ 每学期末，任课教师应负责收集部分实验报告（每个实验项目应至少收 20 份实验报告），并交付课程所在单位集中保存，以备本科教学评估、专业认证等使用。

第三节　实验预习

学生在进行实验前必须进行预习，明确实验目的和要求、实验原理、实验操作方法和步骤，查阅必要的文献。对实验的课后问题涉及的内容进行思考，提出初步的想法。在预习的基础上写出预习报告，使自己对实验原理、使用仪器的基本组成和测定样品的性质有一定的了解。预习报告应简要体现实验的主要原理和仪器的测量方法，将实验过程和步骤列出提纲，标出有疑问的地方或提出问题。要列出实验主要的研究条件、药品的种类来源和溶液的浓度体积等与实际操作相关的内容。根据不同的实验，设计数据表格，方便实验时数据的记录。预习报告不需要重复或大段抄写实验讲义中已有的内容，也不需要写出结论。由于样品或仪器所用的装置有时会有变化，实际实验条件和参数经常会有所调整和变化，在实验前要根据实际实验条件适当修改预习报告已有的内容，修改时将原来内容用单划线划掉，在上面或旁边空白处标记修改的内容。

实验预习报告应写在实验记录本上，而不是写在实验报告上。每位参加仪器分析实验的学生必须准备一个专门的实验记录本，记录本应编写页码和实验日期。所有实验数据都必须用圆珠笔或签字笔记录在实验记录本上。实验记录本主要用来如实、规范和准确地记录实验数据、仪器条件和参数，以及实验教材中未曾提及的实验细节。

第四节　实验报告撰写格式和要求

实验完成后，学生应按照要求写出实验报告。实验报告必须独立完成，学生应独立完成有关数据处理、计算、绘图和对实验现象的分析，严禁抄袭他人的实验报告。在实验成绩评定中，实验报告占有重要的比例，实验报告应在下一个实验开始前完成并提交给指导教师，以便老师对其中的问题进行总结和点评。学生在完成实验后，对于仪器的组成、操作和测量条件以及定性和定量分析方法有了一定的了解，有了一定的实践经验。在此基础上，撰写实验报告有利于加深理解有关基础理论，更好地认识相关仪器方法的原理和操作。可以更好地掌握相关分析仪器的工作原理、特点和应用范围，同时对于学生运用所学知识分析和解决问题的能力也是一种很好的锻炼。与基础分析化学实验的报告不同，仪器分析实验报告的撰写格式更接近科研论文写作，通过实验报告的撰写，能够初步培养学生科技论文写作的能力，对于学生养成逻辑思维能力具有非常大的帮助。实验报告一般要求以 A4 规格打印完成，在条件不具备的情况下，可以手写完成，但是绘图（标准曲线、实验条件考察、色谱和光谱数据图）必须由计算机生成，打印出来后贴在实验报告相应的位置，或按顺序附在附录中。实验报告的字体和行间距等格式应规范，可以参照本科毕业论文或者硕士毕业论文的格式要求。实验报告要用规范的科学术语表达，不能用口语化的语言撰写。

实验报告需包含如下内容：

（1）标题页

包括实验名称、实验人员、报告人和实验日期。

（2）摘要

简要说明实验内容、实验条件选择和所得结果。

（3）实验原理

简要介绍本次实验课所用分析仪器的定性、定量分析基础理论，该仪器分析方法的主要特点和适用范围，用简单的框图或箭头给出分析仪器的组成以及较为复杂的实验流程示意图，解释工作原理和关键的实验条件。

例如，在进行玻璃电极响应斜率和溶液 pH 值的测定时，应简要介绍玻璃电极测量溶液 pH 值的基本原理和测量技术。测量 pH 值的基本原理：电池的电动势 E 和 pH 呈直线关系，常数项 K 取决于内外参比电极电位、电极的不对称电位和液体接界电位，实际上测量 pH 值是采用相对方法。玻璃电极的实际响应斜率与理论响应斜率、常用的标准缓冲溶液有哪些？总之，实验原理部分应根据要进行的实验内容和相关技术方法撰写，重点叙述关键知识点，不需要按照教材重复抄写，面面俱到，过于冗长。

（4）实验部分

实验部分一般包括三部分内容。①仪器与试剂：应写出实验使用的主要分析仪器的名称、型号和生产厂家，实验所用的主要试剂和溶剂的名称和纯度级别以及储备液、操作液等的配制方法；②实验步骤：仪器测量的操作步骤和设定条件；③样品测定：样品的来源、处理方法和测定步骤。

（5）实验结果

实验结果是实验报告中需要重点叙述的部分。学生应按照实验过程的先后，将实验记录本上的数据进行整理、汇总和处理，所有的原始数据都应该呈现在实验报告中。实验内容较多时，必要时可以用二级标题标明实验内容，将实验结果进行分段叙述。对于同一种类型的数据一般以表格的形式列出，根据数据绘制的图应紧随数据之后。在定量分析实验中，对测量数据进行计算，给出平行测量次数和测量的精密度（标准偏差和相对标准偏差），绘制标准曲线，得到样品测定的分析结果。实验得到的分析结果必须给出测量平均值 $\bar{x}$、测量次数 n 和实验数据的标准偏差，三者缺一不可。根据这三个基本参数，给出所测量样品含量的置信区间：

$$\mu = \bar{x} \pm t_{\alpha,f} s_x$$

上述公式表明测量真实值 μ 落在以 n 次重复测定的平均值 $\bar{x}$ 为中心，置信限为 $t_{\alpha,f} s_x$ 所确定的置信区间内的概率为 $P(P=1-\alpha)$。式中，s_x 为平均值的标准偏差，如果平均值是从校正曲线（标准曲线）得到的，则应为 s_{x_0}。

由仪器的操作软件给出的图谱（如色谱图或光谱图等），可以导出数据，采用 Microsoft Office Excel、Origin 等数据处理软件绘图，得到电子版的图谱，作为附录附在实验报告后，但是在实验结果中必须给予说明。

当用图表来表示实验结果时，表示方法要规范。列表时一般采用三线表来表示。表格和图谱必须有标题和序号，表格的标题一般位于表格上方，图谱的标题一般位于图谱的下方，表格和图谱的序号按报告中出现的顺序编制。图谱中的线粗、字体的大小应协调、清晰，图中坐标的意义和单位应该标注清楚，一般应有图例对图的实验条件和图中的数据点线进行说明。当多组实验数据绘制在同一图中时，各组数据应明确地以不同的形式表示，并加以说明。

（6）讨论

讨论是实验报告的重要部分，是对数据的归纳总结，通过所进行的实验和数据分析，得到了什么结果，解决了什么问题，这些都需要在讨论部分进行阐述。结合理论课学习的相关理论知识，查阅相关文献对实验现象、实验数据、实验产生的误差及来源进行分析和解释，讨论实验中存在的问题和解决方法。如果实验内容是测定分析仪器的特性参数，这些特性参数的重要性是什么，表征了仪器的哪些性能，实验数据说明了什么问题，实验还存在那些问题，下一步如何去解决？如果实验涉及具体的样品分析测定，从实验数据分析影响定性定量的实验条件有哪些，为什么样品中的待测物可以用这种仪器方法进行测定，如果是其他样品是否可以采用这种方法。对实验后附的思考题的解答也要在这部分进行阐述。

（7）结论

简要总结实验结果，以及从结果中可以得出的结论。

（8）文献

如果实验是综合设计性实验，需要学生根据测定对象自行选择方法。设计实验方案时，则需要阅读文献，参考相关的期刊论文和书籍来确定实验方法。在这种情况下，必须列出所引用和参考的文献。在实验方案中，凡引用他人文献的地方必须按先后标注出文献的序号，在实验报告的最后，将参考文献按文中出现的序号列出。文献的引用需要按照一定的格式，按顺序依次为作者名、论文标题、期刊名称、年、卷（期）和页码。如果引用的是书籍，则顺序依次为作者名、书名、出版社所在地、出版社名和出版年份。

（9）附录

必要可以将仪器软件给出的谱图和相关数据打印出来，按顺序列在附录中。

第三章

实验数据记录与处理

实验数据包括实验的原始数据以及分析数据。实验的原始数据，就是做实验时记录的物质的质量、液体的体积、化学反应的时间、产物的质量、实验的温度、仪器设置的参数以及实验的结果等。这些可以直接获得的，不是经过计算处理得到的数据，称为实验原始数据。分析数据是指在原始数据的基础上加以分析以及处理的数据。

实验记录是科学实验工作的原始资料，应直接写在实验记录本上，严禁用零散纸片记录。从实验课开始应养成认真写好实验记录的良好习惯，记录应做到如实、客观、详细、准确。记录的内容要条理分明、文字简练、字迹清楚，不得涂改、擦抹，写错之处可以划去重写。实验开始时，首先记录实验名称、实验日期（必要时记录实验室气候条件，如气压、温度和湿度等）、同组人员姓名等。实验中观察要仔细，记录内容包括试剂名称、规格、用量，实验方法和具体条件（温度、时间、仪器名称型号、电流、电压等），操作关键及注意事项，现象（正常的和异常的），数据和结果等。记录的形式可根据实验内容和要求，在预习时事先设计好表格或流程图，实验中边观察边填写。要规范标出数据的名称和量纲，名称应尽量用符号表示，单位与名称以斜线相隔。根据实验所采用的仪器不同，实验测得数据的有效数字位数不同，代表一定的不确定度和测量误差。实验数据必须按照有效数字的原则记录和保留，以便正确评价测量产生的误差。实验完成后要将实验记录交给实验指导教师检查确认。实验中如发生错误或对实验结果有怀疑，应如实说明，必要时应重做，不将不可靠的结果当作正确结果，应培养一丝不苟和严谨的科学作风。

第一节 误 差

实验测得的数据会产生测量误差，必须按照有效数字的原则保留，并评价测量产生的误差。

1. 有效数字及其运算规则

（1）有效数字

有效数字是实际能够测量到的数字。物理量的测量中到底应保留几位有效数字，要根据测量仪器的精度和观察的准确度来决定。常用仪器的测量精度如表 3.1。

数字"0"在数字后面时是有效数字，若数字"0"在数字前面则只起定位作用，不能算作为有效数字。还有的数字，看似应为有效数字，实际是用来定位的，如 pH $= 12.58 \pm 0.58$ 中，实际是 $[H^+] = 10^{-12}$ 是用来定位的，在对数运算中它就不是有效数字。

表 3.1　常用仪器的测量精度

仪器	台秤	分析天平	量筒	移液管	容量瓶	滴定管	温度计	气压表
精度	±0.1g	±0.0001g	±0.1mL	±0.01mL	±0.01mL	±0.01mL	±0.1℃	±0.1kPa
示例	10.1g	2.3456g	18.7mL	10.00mL	100.00mL	25.00mL	29.8℃	101.3kPa
有效数字	3	5	3	4	5	4	3	4

（2）有效数字的运算方法

在进行数字的运算之前，先确定应保留的有效数字位数，并对数字位数进行舍弃，舍弃的原则采用国家标准（四舍六入五留双的原则），即末位小于 4 舍弃，末位大于 6 进位，末位等于 5 时，若进位后为偶数则进位，若进位后为奇数时则舍弃。另外不采取递阶进位的办法对数字进行处理。如 12.54568，若要求保留 3 位，则应为 12.5，而不是 12.6。

加减运算应以各加减数小数点后位数最少的数字（绝对误差最大）为准，先进行舍弃后再相加减。如：28.3＋0.18＋6.58＝28.3＋0.2＋6.6＝35.1。

乘除运算应以各乘除数有效数字位数最少的数字（相对误差最大）为准，自然数和某些常数不参与拟保留有效数字位数的确定，先进行舍弃后再相乘除。如下例中 3 为自然数，其余数字为测量值，则计算时

$$0.121 \times 25.64 \times 1.05782/3 = 1.09394102693333333333（错）$$
$$0.121 \times 25.64 \times 1.05782/3 = 0.121 \times 25.6 \times 1.06/3.00 = 1.09（对）$$

对数运算中，所取对数位数应与真数的有效数字位数相同，与首数无关，因为首数是用来定位的，不是有效数字。如：$10 \times \lg1.35 = 5.13$

又如　　　　　　$\lg15.36 = 1.1864$（是四位有效数字）

不能记为　　$\lg15.36 = 1.186$ 或 $\lg15.36 = 1.18639$

2. 误差与数据处理

（1）数据整理

把实验数据加以整理，剔除与其他测定结果相差甚远的那些数据，对于一些精密度似乎不高的可疑数据，则要通过一定的方法决定取舍，然后计算数据的平均值、各数据对平均值的偏差、平均偏差与标准偏差，最后按照要求的置信度求出平均值的置信区间。

（2）置信度与平均值的置信区间

计算平均值和平均值的标准偏差，以 $\pm s$（表示平均值的标准偏差）的形式表示分析结果，从而推算出所要测定的真值所处的范围，这个范围就称为平均值的置信区间，真值落在这个范围内的概率称为置信度。通常化学分析中要求置信度 95%。测定次数越多，置信区间的范围越窄，即测定平均值与总体平均值（真值）越接近，但是测定结果超过 20 次以上置信度的概率系数变化不大，再增加测定次数对提高测定结果的准确度已经没有什么意义了，所以只有在一定的测试次数范围内，分析数据的可靠性才随平行测定次数的增加而增加。

（3）实验结果可疑数据的取舍方法对比

可疑数据的取舍是对过失误差的判断，常用方法有 Q 检验法、格鲁布斯检验法确定检测结果的真实性。

3. Q 检验法基本要求

Q 检验法是一种简便易行、比较常用的方法。当测定次数 $n = 3 \sim 10$ 次时，根据所要求

的置信度可以按下列步骤检验可疑数据取舍：

① 将数据按递增的顺序排列；

② 求出最大与最小数据之差；

③ 求出可疑数据与其最邻近数据之间的差；

④ 求出 $Q_{计} = |x_{可疑} - x_{邻近}| / (x_{max} - x_{min})$；

⑤ 根据测定次数 n 和要求的置信度（如 95%），查表 3.2 得出 $Q_{0.95}$；

⑥ 将 $Q_{计}$ 与 $Q_{0.95}$ 相比，若 $Q \geqslant Q_{0.95}$，则弃可疑值，否则应予保留。

表 3.2 不同置信度 Q 值

测定次数 n	3	4	5	6	7	8	9	10
$Q_{0.90}$	0.94	0.76	0.64	0.56	0.51	0.47	0.44	0.41
$Q_{0.95}$	1.53	1.05	0.86	0.76	0.69	0.64	0.60	0.58

此法虽有其统计正确性，简单可靠，但是当测量次数少时（3～5 次）测量结果时，只能舍去差别很大的一个数值，因此仍有可能保留一些错误数据。可以如下处理：

① 检查该极值有无某些误差，有则舍去。

② 如未发现误差原因，用 Q 检验法决定该极值是否舍去。

③ 如 Q 检验法不允许舍去，应将极值保留；若是测得值与表中 Q 值相近，且对极值仍存疑时，可用中位数代替平均值，减少误差的影响。

用 Q 检验法决定取舍时，在三个以上的数据中，先检验最小值，然后再检验最大值。

例 1. 对某铅锌矿的含锌量进行七次测定，结果为：1.80，2.11，2.13，2.14，2.16，2.18，2.32 试以 Q 检验法决定极端值的取合（置信度 95%）。

解： 在以上的数据中，先检验最小值，然后再检验最大值。7 次测定数据中，其中 1.80 和 2.32 与其他 5 个数据相差较大，要分别进行检验。

先检验最小值 1.80，$Q_{计} = 0.60$，查 n 值表得，$n = 7$，Q（0.69），$Q_{计}$（0.60），故 1.80 应保留。

再检验最大值 2.32，$Q_{计} = 0.60$，查 n 值表得，$n = 7$，Q（0.59）$Q_{计}$（0.27），故 2.32 应保留。

例 2. 某溶液浓度经 4 次测定，其结果为（mol/L）：0.1014、0.1012、0.1025、0.1016。

解： 根据 Q 法检验法：数据由小到大：0.1012、0.1014、0.1016、0.1025。

$$Q = (0.1025 - 0.1016)/(0.1025 - 0.1012) = 0.70 < 0.76$$

因此 0.1025 应保留。可用的这 4 个结果的平均值 0.1017mol/L 写进报告结果。但是由于计算值与表中 Q 值很接近，可用中位数。

$$中位数 = (0.1016 + 0.1014)/2 = 0.1015$$

在实验中对确实有差错的数值可以直接舍去。对没有根据说明某些过高或者过低的数据有什么差错时，必须按一定方法来取舍。

4. 误差种类、起因和特点

（1）系统误差

系统误差是由于某些固定的原因在分析过程中所造成的误差。系统误差具有单向性和重现性，即它对分析结果的影响比较固定，使测定结果系统地偏高或系统地偏低；当重复测定时，它会重复出现。系统误差产生的原因是固定的，它的大小、正负是可测的，理论上讲，只要找到原因，就可以消除系统误差对测定结果的影响。因此，系统误差又称可测误差。

根据系统误差产生的原因，可将其分为：

① 方法误差　是由于分析方法本身所造成的误差。例如，滴定分析中指示剂的变色点与化学计量点不完全一致；重量分析中沉淀的溶解损失等。

② 仪器误差　由于仪器本身不够精确而造成的误差。例如，天平砝码、容量器皿刻度不准确等。

③ 试剂误差　由于实验时所使用的试剂或蒸馏水不纯而造成的误差。如试剂或蒸馏水中含有微量被测物质或干扰物质。

④ 操作误差　操作误差（个人误差）是由于实验人员的所掌握的实验操作与正确的实验操作的差别或实验人员的主观原因所造成的误差。如重量分析对沉淀的洗涤次数过多或不够；个人对颜色的敏感程度不同，在辨别滴定终点的颜色时，有人偏深，有人偏浅；读取滴定管读数时个人习惯性地偏高或偏低等。

（2）随机误差

随机误差又称偶然误差，它是由某些随机（偶然）的原因所造成的。例如，测量时环境温度、气压、湿度、空气中尘埃等的微小波动；个人一时辨别的差异而使读数不一致。如在滴定管读数时，估计的小数点后第二位的数值，几次读数不一致。随机误差的产生是由于一些不确定的偶然原因造成的，因此，其数值的大小、正负都是不确定的，所以随机误差又称不可测误差。随机误差在分析测定过程中是客观存在，不可避免的。

实验中，系统误差与随机误差往往同时存在，并无绝对的界限。在判断误差类型时，应从误差的本质和具体表现上入手加以甄别。

5. 误差的表示法

分析结果的准确度是指分析结果与真实值的接近程度，分析结果与真实值之间差别越小，则分析结果的准确度越高。准确度的大小用误差来衡量，误差是指测定结果与真值之间的差值。误差又可分为绝对误差和相对误差。绝对误差（E）表示测定值（x）与真实值（x_T）之差，即 $E = x - x_T$。

相对误差（E_r）表示误差在真实值中所占的比例。例如，分析天平称量两物体的质量分别为 x_1 g 和 x_2 g，假设两物体的真实值各为 m g 和 n g，则两者的绝对误差分别为：

$$E_1 = (x_1 - m)g \qquad E_2 = (x_2 - n)g$$

两者的相对误差分别为：

$$E_{r1} = (x_1 - m)/m \ \% \qquad E_{r2} = (x_2 - n)/n \ \%$$

绝对误差相等，相对误差并不一定相等。在上例中，同样的绝对误差，称量物体越重，其相对误差越小。因此，用相对误差来表示测定结果的准确度更为确切。

绝对误差和相对误差都有正负值。正值表示分析结果偏高，负值表示分析结果偏低。

第二节　实验数据处理和结果的表达

分析数据的表示方式，视数据的特点和用途而定，不管采用什么方式表示数据，其基本要求是准确、明晰和便于应用。常用的数据表示方式有列表法、图形表示法、数值表示法。这三种方法各有各的应用场合，在撰写实验和研究报告时，可以因地制宜，几种方法并用。

1. 列表法

列表法是以表格形式表示数据。其优点是清晰明了，便于分析比较、揭示规律。另外，列入的数据是原始数据，可以清晰地看出实验的过程，亦便于日后对计算结果进行检查和复核；可以同时列出多个参数的设置，便于同时考察多个变量之间的关系。当数据很多时，列表可以清晰地分类和对比，用列表法表示数据时，需要注意规范化。

选择适合的表格形式。在现在的科技文献中，通常采用三线制表格，而不采用网格式表。表格的题目标注于表的上方，当表题不足以充分说明表中数据含义时，可以在表的下方加标注。表格的第一行为表头，表头要清楚标明表内数据的名称和单位，名称尽量用符号表示。同一列数据单位相同时，将单位标注于该列数据的表头，各数据后不再加写单位。在列数据时，特别是数据很多时，每隔一定量的数据留一空行。上下数据的相应位数要对齐，各数据要按照一定的顺序排列。表中的某个或某些数据需要特殊说明时，可在数据上作一标记，再在表的下方加注说明。

2. 图形表示法

图形表示法可以使得测量数据间的关系表达得更为简明、直观，可以将多条曲线同时描绘在同一图上，甚至可以在三维空间描绘图形，便于比较。随着计算机技术的发展，在许多分析仪器中使用记录仪将测量得到的数据绘出图形，利用图形可以直接或者间接求得分析结果。

在仪器分析中，实验得到的测量数据点一般不是一条直线，需要用校正曲线进行校正和定量。建立校正曲线，就是基于使偏差平方和达到极小的最小二乘法原理，对若干个对应的数据 $(x_1, y_1), (x_2, y_2), \cdots, (x_n, y_n)$ 用函数进行曲线拟合。曲线拟合是用连续曲线近似地刻画或比拟平面上离散点组所表示的坐标之间的函数关系的一种数据处理方法。从作图的角度来说，就是根据平面上一组离散点，选择适当的连续曲线近似地拟合这一组离散点，以尽可能完善地表示仪器响应值（因变量）和被测定量（自变量）之间的关系。这种基于最小二乘法原理研究因变量与自变量之间的相关关系的方法，称为回归分析。所建立的校正曲线，描述了因变量与自变量之间的相关关系，并可根据各自变量的取值对因变量进行预报和控制。

用最小二乘法原理拟合回归方程，其斜率和截距分别为：

$$b = \frac{n \sum x_i y_i - \sum x_i \sum y_i}{n \sum x_i^2 - (\sum x_i)^2} \tag{3.1}$$

$$a = \bar{y} - b\bar{x} \tag{3.2}$$

拟合得到的回归方程的标准偏差计算公式为：

$$s_{y/x} = \sqrt{\frac{\sum (y_i - \hat{y}_i)^2}{n-2}} \tag{3.3}$$

公式中，$\hat{y}_i$ 为回归曲线上 x_i 相应的 y_i 值；$s_{y/x}$ 表征各数据沿校正曲线分布的离散程度。由于 x 和 y 都有不确定度，因此，得到的校正曲线同样具有不确定度。在有限次的测量中，测量数据服从 t 分布，以校正曲线为中心线，如果不考虑 x 的不确定度，校正曲线的宽度距离中心线的距离为 $\pm t_{a,f} s_{y/x}$，称为校正曲线的置信区间，是离校正曲线距离相等的两条平行线。如果考虑到 x 的不确定度，校正曲线的置信区间宽度随 x 不确定度的大小而改变，置信区间在校正曲线的两端比较宽。测量的数据点如果位于置信区间之外，有可能是异常值。对于有限次的测量，如果取置信度为 95% 时，t 值约为 2，校正曲线的置信区间可用 $\pm 2s$ 来绘制。

所拟合的回归方程及建立的曲线在统计上是否有意义，可用相关系数 γ 进行检验。相关系数 γ 是表征变量之间相关程度的一个参数，若 γ 大于相关系数表（表 3.3）中的临界值 $\gamma_{0.05,f}$，表示建立的回归方程和回归线是有意义的；反之，如果 γ 小于 $\gamma_{0.05,f}$，则表示所建立的回归方程和回归线没有意义。γ 的绝对值在 0~1 的范围内变动，γ 值越大，表示变量之间的相关性就越密切。当 y 随 x 增大而增大，称 y 与 x 为正相关，为正值；当 y 随 x 增大而减小，称 y 与 x 为负相关，r 为负值。相关系数按下式计算：

$$\gamma = \frac{\sum (x_i - \bar{x})(y_i - \bar{y})}{\sqrt{\sum (x_i - \bar{x})^2 \sum (y_i - \bar{y})^2}} = \frac{n \sum x_i y_i - \sum x_i \sum y_i}{\sqrt{\left[n \sum x_i^2 - (\sum x_i)^2 \right] \left[n \sum y_i^2 - (\sum y_i)^2 \right]}} \quad (3.4)$$

表 3.3 相关系数临界值 $\gamma_{0.05,f}$

$f=n-2$	$\gamma_{0.05,f}$	$f=n-2$	$\gamma_{0.05,f}$	$f=n-2$	$\gamma_{0.05,f}$	$f=n-2$	$\gamma_{0.05,f}$
1	0.997	6	0.704	11	0.553	16	0.468
2	0.950	7	0.666	12	0.532	17	0.456
3	0.878	8	0.632	13	0.514	18	0.444
4	0.811	9	0.602	14	0.479	19	0.433
5	0.754	10	0.576	15	0.482	20	0.423

在绘图时，应按照一定的要求做到规范化。用 x 轴代表可严格控制的或实验误差较小的自变量，y 轴代表因变量。坐标轴应标明名称和单位，名称尽量用符号表示，单位与名称以斜线相隔。坐标轴分度应与使用的测量工具和仪器的精度相一致，标记分度的有效数字位数应与原始数据的位数相同。在坐标上，每格所代表的变量值以 1、2、3、4、5 等量为宜。图中有多条曲线时，应分别用不同的符号标注。图的下方应标明图的名称和必要的注释。

此外，数值表示法的优点是简练，大量的测定数据可以用很少量的特征量值来表征。这三种方法各有各的应用场合，在撰写实验和研究报告时，可以因地制宜，几种方法并用。

第三节 Origin 在数据处理中的使用

Origin 是 OriginLab 公司开发的专业数据分析和数据作图软件。Origin8.0 兼容性好，使用不需要编程知识，可无缝连接各种编程软件（例如 VC、MATLAB、VB、PCLAMP 分析采样软件等），并可以使大型数据图像化、图形化，具有实用的界面和非常强大的数据处理分析以及科学绘图功能。Origin 中的数据分析功能包括统计、信号处理、曲线拟合以及峰值分析。Origin 中的曲线拟合是采用基于 Levernberg-Marquardt 算法（LMA）的非线性最小二乘法拟合。Origin 强大的数据导入功能，支持多种格式的数据，包括 ASCII、Excel、NI TDM、DIADem、NetCDF、SPC 等。图形输出格式多样，例如 JPEG、GIF、EPS、TIFF 等。内置的查询工具可通过 ADO 访问数据库数据。目前很多论文期刊的图形指定格式都以 Origin 8.0 为基础，在国内外各种文献中都能看到 Origin 的身影，同时 Origin 也是撰写学术论文、进行数据绘图数据分析必不可少的软件之一。

在化学实验中通常要对大量数据进行处理，利用 Origin 8.0 软件进行科学研究可兼具各类功能，不仅可以有效地减少人为误差，而且还能快捷地对数据进行拟合和处理，得到更加美观精确的图形，使实验结果的精度大大提高，得到使用电子计算器所不能获得的信息，得到准确规范的实验结果，有利于我们更好地理解化学知识相关理论，为综合设计性实验的后续乃至科学研究工作的发展提供了良好的数据分析基础。

如图 3.1 所示，Microcal Origin 8.0 是一个多文档界面的软件。可以从图中看出，Origin8.0 的工作界面主要包括以下几个部分：

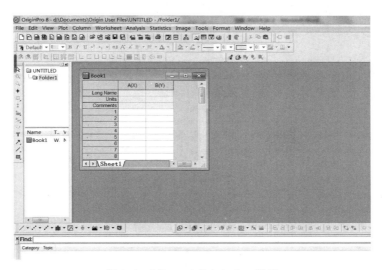

图 3.1　Microcal Origin 8.0 界面

① 菜单栏。主菜单栏位于 Origin8.0 窗口的顶部。子菜单和下拉菜单包含于主菜单栏的菜单项下，我们可以通过它们实现 Origin8.0 的几乎所有功能。因此了解并熟练掌握菜单中各个菜单的选项及功能是很有必要的。

② 工具栏。工具栏位于菜单栏的下方。一般情况下，Origin8.0 最常用的一些功能都可以通过工具栏来实现。

③ 项目处理器。项目处理器位于窗口的下方。用户的项目文件以及文件的组成部分可以以直观的形式通过项目处理器呈现出来，方便用户进行各个窗口的切换。

④ 状态栏。状态栏位于窗口的底部，他的作用是显示出当前的工作内容，并对鼠标所指的菜单按钮进行解释说明。

工作表窗口（workbook）是 Origin8.0 最基本的窗口，主要用来记录和处理数据，我们绝大部分的操作都是在这个窗口中进行的。生成新窗口的方法是：点击【File】菜单，选择【New】，选择要生成的窗口。在工作表窗口可以添加多个表单，方法：在空白位置点击鼠标右键，选择【Add New Sheet】，则加入新的表单 Sheet2。在工作表窗口的表单中输入数据非常简单，只需要将鼠标定位到需要输入的单元格上直接输入数据即可，通过电脑键盘上的光标键可以上下左右移动光标并输入新的数据。如果需要添加行，光标定位到最后一行按下电脑键盘上的光标键或者回车键，每次可添加 10 行。如果需要插入行，则单击需要插入的地方点击鼠标右键，选择【Insert】。如果需要添加列，则在空白位置点击鼠标右键，选择【Add New Clumns】。如果需要插入列，则单击鼠标右键，选择【Insert】。

在工作表窗口中选定用来作图的数据，点击"绘图（Plot）"菜单，可绘制的各种图形，包括直线图、描点图、向量图、柱状图、饼图、区域图、极坐标图以及各种3D图表、统计用图表等。Origin软件提供非常强大的拟合功能，点击菜单【Analysis】，选择【Fitting】，有多种拟合方法可以选择，如图3.2所示。这些拟合方法基本涵盖了一般性数据处理的绝大多数情形。

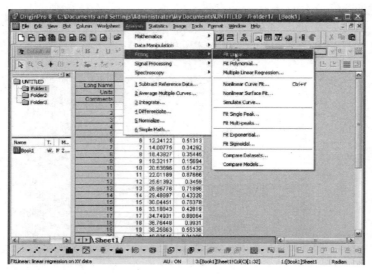

图3.2　Microcal Origin 8.0中拟合的界面

很多化学实验中实验数据的处理都要用到线性拟合法，通过直线的斜率、截距等得到相对应的化学物理量，例如测定液体的饱和蒸气压，测定蔗糖发生水解时的转化速率常数，测定乙酸乙酯发生皂化反应的速率常数等等都属于此种类型。选择需要拟合的这两列数据，点击菜单【Plot】，选择【Symbol】，选择【Scatter】，进行散点图的绘制，在出现的图形窗口下，点击菜单【Analysis】，选择【Fitting】，选择【Fitting Linear】，在弹出的对话框中，勾选【Output Result】，选择【Plot Settings】，选择【Past Result Tables to Source Graph】，则可以看到拟合结果，如图3.3所示，拟合结果中可以看到拟合曲线的截距值、斜率值、相关系数、标准偏差、误差等数据。在拟合时勾选所有可以输出的内容（但事实上对于一般的拟合工作而言，勾选所有内容是没有必要的），这时有4个表单出现。第1个表单是Fitlinear表单，这是拟合结果的核心，几乎所有的拟合信息都集中在这个表单里。表单中主要包括一些简单的描述性信息，例如拟合类型、函数类型等，还包括拟合参数、统计信息、汇总信息、方差分析等。

非线性拟合相对于线性拟合来说，具有更加强大的抗干扰能力，测得的结果更加接近实际数值。例如测定表面张力，绘制气液平衡相图等实验中项目数据的处理往往需要通过指数拟合、对数拟合、多项式拟合得到相应曲线关系。点击【Fitting】菜单下的【Nonlinear Curve Fit】，就可以打开非线性拟合对话框，这个对话框分为上中下三个部分。第一部分是数据和函数选择窗口，用来指定需要拟合的数据和函数类型，中间部分是和

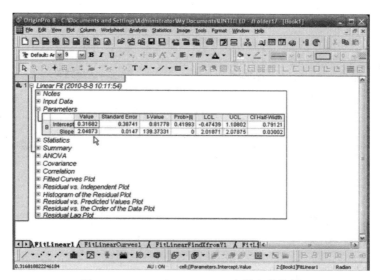

图 3.3　Microcal Origin 8.0 中拟合的结果

拟合操作有关的一些按钮，第三部分是拟合信息显示窗口。若复杂曲线通过手工作图处理，往往会引起比较大的误差，而利用计算机进行非线性拟合，则可以得到更加科学的实验结果。

第四章

实验部分

实验一　火焰光度法测定样品中的钾、钠

一、实验目的

1. 学习火焰光度法测定样品中钾、钠的方法。
2. 掌握火焰光度法的原理。
3. 了解火焰光度计的基本结构。

二、实验原理

火焰光度法，又叫做火焰发射光谱法，是以火焰作为激发光源，激发被测元素的原子，用光电检测系统来测量被激发元素所发射的特征谱线的强度，从而进行元素定量分析的方法。样品溶液经雾化后喷入燃烧的火焰中，溶剂在火焰中蒸发，试样熔融转化为气态分子，继而又离解为原子。原子在火焰高温激发下发射特征光谱。用单色器把元素所发射的特定波长分离出来，经光电检测系统进行光电转换，再由检流计测出特征谱线的强度。若激发的条件保持一定，则谱线的强度（I）与待测元素的浓度（c）成正比，可以用下式来表示：

$$I = ac^b \tag{1}$$

式中，a 为与待测元素的激发电位、激发温度及试样组成等有关的系数，当实验条件固定时，a 为常数；b 为谱线的自吸收系数，当浓度很低时，自吸现象可忽略不计，此时，$b=1$。根据下式，通过测量待测元素特征谱线的强度，即可进行定量分析。

$$I = ac \tag{2}$$

钾、钠元素通过火焰燃烧激发而放出不同能量的谱线，用火焰光度计测定钾原子发射的 766.8nm 和钠原子发射的 589.0nm 这两条谱线的相对强度，利用标准工作曲线法可进行钾、钠元素的定量测定。为抵消钾、钠元素间的相互干扰，其标准溶液可配成钾、钠混合标准溶液。

本实验使用液化石油气-空气（或汽油）火焰。

三、仪器与试剂

1. 仪器

火焰光度计，吸量管（5mL、10mL），漏斗，振荡机，烧杯（100mL、250mL、500mL），容量瓶（10mL、50mL、100mL、250mL），可调温电热套，分析天平，聚乙烯试

剂瓶，带塞锥形瓶（100mL），台秤，定量滤纸。

2. 试剂

钾储备标准溶液（1.000g/L）：KCl（分析纯）于105℃烘干4~6h后，准确称取0.4700g，溶于水后，转移到250mL容量瓶中，加水稀释至刻度，摇匀，转入聚乙烯试剂瓶中贮存。

钠储备标准溶液（1.000g/L）：NaCl（分析纯）于110℃烘干4~6h，称取0.6300g，溶于水后，转移到250mL容量瓶中，加水稀释至刻度，摇匀，转入聚乙烯试剂瓶中贮存。

钾、钠混合标准工作溶液：移取10.00mL钾储备标准溶液、5.00mL钠储备标准溶液于100mL容量瓶中，加水稀至刻度，摇匀。此标准溶液含100mg/L钾，含50mg/L钠。

三酸混合溶液：HNO_3（$\rho=1.42g/cm$）、H_2SO_4（$\rho=1.84g/cm$）、$HClO_4$（60%）以8：1：1的比例（体积比）混合而成。

$Al_2(SO_4)_3$溶液：称取34g $Al_2(SO_4)_3$或66g $Al_2(SO_4)_3 \cdot 18H_2O$溶于水中稀释至1L。

钾标准工作溶液（50mg/L）：吸取5.00mL钾储备标准溶液于100mL容量瓶中，用去离子水稀释至刻度，配成50mg/L。

钠标准工作溶液（100mg/L）：吸取10.00mL钠储备标准溶液于100mL容量瓶中，用去离子水稀释至刻度，配成100mg/L。

HCl溶液（1%）。

四、实验步骤

1. 操作步骤

（1）开机检验

打开仪器背面电源开关，打开空气压缩机电源，调节空气过滤减压阀使压力表显示0.15MPa。将进样口毛细管放入蒸馏水中，在废液口下放废液杯。雾化器内应有水珠撞击，废液管应有水排出。

（2）点火

打开液化气钢瓶开关。向下按住燃气阀旋钮，从关闭位置左转90°，按住不放至点着火，点着后向里推一下旋钮再放手。点火完成后，把燃气阀向左转，直到不能转动为止。

（3）调节火焰形状至最佳状态

点火后，由于进样空气的补充，使燃气得到充分燃烧。此时，一边观察火焰形状，一边调节微调阀，控制火苗大小，使进入燃烧室的液化气达到一定值，此时以蒸馏水进样，火焰呈最佳状态，即外形为锥形，呈蓝色，尖端摆动较小，火焰底部中间有几个小突起，周围有波浪形的圆环，整个火焰高度约50mm，火焰中不得有白色亮点。

（4）预热

进蒸馏水的条件下，仪器预热30min左右。待仪器稳定后，方可进行正式测试。注意仪器点火后，一定要把毛细管放入蒸馏水中进样，同时废液管有水排出。不可空烧！

（5）应用操作

开机后，仪器进入自检，初始化成功后进入主菜单界面。按照仪器操作说明设置分析方法。

2. 未知样品溶液的配制

在 3 个 50.0mL 容量瓶中，分别准确移取钾未知溶液、钠未知溶液以及钾钠混合未知溶液各 5.00mL，蒸馏水定容，备用。

3. 校正和操作

仪器预热后，由稀到浓依次测定钾标准系列溶液、钠标准系列溶液以及钾钠混合标准系列溶液的强度，每个溶液测三次，取平均值。然后在火焰光度计上测试未知液，记录相应读数，在标准曲线上查出其浓度。

测试样品时，每两个样品间应用蒸馏水冲洗归零，排除样品间的互相干扰。

4. 关机步骤

仪器使用完毕，务必用蒸馏水进样 5min，清洗流路后，应首先关闭液化燃气罐的开关阀，此时仪器火焰逐渐熄灭。关闭燃气阀，但微调阀不要关，下次开机点火仪器能保持原有的火焰大小。

最后切断主机和空气压缩机的电源。

五、数据记录与处理

以浓度为横坐标，钾、钠的发射强度为纵坐标，分别绘制钾、钠的标准曲线。根据未知试样的发射强度，求出样品中钾、钠的含量（用质量分数表示）。

六、问题与讨论

1. 火焰光度计中的滤光片有什么作用？

2. 如果标准系列溶液浓度范围过大，则标准曲线会弯曲，为什么会有这种情况发生？

3. 火焰光度法属于哪类光谱分析方法？用火焰光度法是否能测电离能较高的元素，为什么？

4. 本实验引起误差的因素有哪些？

实验二　电感耦合等离子体质谱（ICP-MS）法测定大米中的铜和铅

一、实验目的

1. 了解电感耦合等离子体质谱（ICP-MS）法的基本原理。

2. 了解 ICP-MS 等离子体质谱的基本结构。

3. 学会样品前处理的方法。

二、实验原理

水稻是我国最重要的粮食作物之一，在国家粮食安全中的地位举足轻重。大米的质量也关系到人体的健康。如果种植环境中的重金属元素超标，就有可能吸收进入到大米中，例如铅、铬、镍、铜、锌等毒性较大的重金属元素。虽然有些元素（如铜等）是人体不可缺少的微量元素，但大部分重金属元素并非人体生命活动所必需，摄入量过多会对人体造成伤害。本实验采用湿法消解将大米样品消解，得到的消解溶液可以直接上机进行金属离子含量的测定。实验采用环境混合标准溶液（含有 Fe、K、Ca、Na、Mg、Ag、As、Se、Cd、Pb、Ni、Cu、Zn 等）为测定的标准溶液，测定大米中 Pb 和 Cu 的量（根据需要也可多选）。

三、仪器与试剂

1. 仪器

ICP-MS 2030 电感耦合等离子体质谱仪，Mili-Q 超纯水系统（Milipore，Bedford MA）。

2. 试剂

调谐溶液：$10\mu g/mL$ 的锂、钴、钇、铈、铊混合标准溶液，基质为 5% 稀硝酸介质。

内标溶液：$1\mu g/mL$ 的锂、钪、锗、铱、铽、铋等混合标准溶液，$10\mu g/mL$ 的环境混合标准溶液。

大米。

四、实验步骤

1. 标准溶液的配制

$10\mu g/mL$ 的环境混合标准溶液用 1% HNO_3 逐级稀释为 $0\mu g/mL$、$0.5\mu g/mL$、$2.0\mu g/mL$、$10.0\mu g/mL$、$50.0\mu g/mL$。

2. 样品制备

准确称取大米样品 2～3g，用研钵磨成细粉，称取 0.100g，精确至 0.001g，置于酸煮洗净的聚四氟乙烯烧杯中，加入 5mL HNO_3 和 1mL H_2O_2，盖上盖子，于室温预消解 30min，放在可控温的电热板上加热消解。消解完毕，冷却至室温，打开烧杯盖，将样品消解液转移至干净的 50mL 塑料瓶，以少量超纯水洗涤消解罐与盖子三四次，洗液合并至塑料瓶中称量至 25.00g，精确至 0.01g，溶液待测。

3. 分析测试

（1）分析测试条件的优化

对射频功率、冷却气流量、辅助气流量、载气流量、样深度等参数进行优化。

（2）测试标准溶液

将配制好的标准系列溶液导入 ICP-MS，测定 Pb 和 Cu 的响应信号（CPS）。以浓度为横坐标，CPS 为纵坐标，仪器自动同时绘制工作曲线得到线性方程和相关系数。

（3）实际样品的测定

分别测定上述制备样品和空白溶液的信号强度，同一溶液应重复测定两三次，取平均值。从标准曲线上查出和计算样品溶液中各元素的含量（单位为 $\mu g/mL$）。

（4）精密度考察

取浓度为 $20\mu g/mL$ 的标准溶液，连续测定 20 次吸收值，计算 RSD。

（5）检出限的计算

连续测定空白样品（稀释液），以测定结果的 3 倍标准偏差计算得到方法的检出限。

（6）加标回收率

取样品 6 份，于本底（3 份）中加入约等倍的标准溶液，另 3 份本底加入于本底值两倍的标准溶液，按照样品的制备方法，上机测试，计算含量和加标回收率。

五、数据记录与处理

1. 绘制标准曲线，拟合线性方程，计算线性相关系数。

2. 计算样品中 Pb 和 Cu 的浓度，以 mg/kg 为单位。

六、问题与讨论

1. 如何选择内标元素？一般常用的内标元素有哪几种？

2. 半定量和全定量分析方法有什么不同？二者有何联系？

实验三　原子吸收分光光度法测定自来水中钙、镁的含量

一、实验目的

1. 学习原子吸收分光光度法的基本原理。
2. 了解原子吸收分光光度计的基本结构，并掌握其使用方法。
3. 掌握以标准曲线法测定自来水中钙、镁含量的方法。

二、实验原理

原子吸收分光光度法是一种重要的仪器分析方法，在冶金、化工、农业、食品等领域得到了广泛应用，测量对象是呈原子状态的金属元素和部分非金属元素。

原子吸收分光光度法是利用光源辐射出的待测元素的特征谱线通过样品的蒸气时，被蒸气中待测元素的基态原子所吸收，由发射光谱被减弱的程度，而求得样品待测元素的含量。当使用锐线光源时，在一定的测量条件下，吸收强度与待测元素的浓度成正比，即符合朗伯-比尔定律：

$$A = \lg(I_0/I_t) = \lg(1/T) = abc \tag{1}$$

式中，A 为吸光度；I_0 为入射光强度；I_t 为透射光强度；T 为透射比；a 为被测元素对某一波长光的吸光系数；b 为光通过原子化器的光程；c 为样品中被测元素的浓度。根据这一关系可以用标准曲线法或标准加入法来测定未知溶液中某元素的含量。

三、仪器与试剂

1. 仪器

原子吸收分光光度计，钙、镁空心阴极灯，乙炔钢瓶，无油空气压缩机，容量瓶，移液管，烧杯等。

2. 试剂

氧化镁，无水碳酸钙，6mol/L 盐酸溶液，氯化镧，蒸馏水。

四、实验步骤

1. 标准溶液的配制

（1）钙标准储备液（1000mg/L）

准确称取 105～110℃ 烘干过的无水碳酸钙 0.6250g，置于 100mL 烧杯中。先加入少量蒸馏水润湿，盖上表面皿，缓慢滴加 6mol/L 盐酸溶液至完全溶解，然后把溶液转移到 250mL 容量瓶中，用蒸馏水定容至 250mL，摇匀备用。

（2）钙标准使用液（100mg/L）

准确移取 10.00mL 上述钙标准储备液于 100mL 容量瓶中，用蒸馏水稀释至刻度，摇匀备用。

（3）镁标准储备液（1000mg/L）

准确称取 800℃ 灼烧至恒重的氧化镁 0.4167g 于 100mL 烧杯中，加少量水润湿，盖上表面皿，滴加 6mol/L 盐酸溶液至完全溶解，然后把溶液转移到 250mL 容量瓶中，用蒸馏水定容至 250mL，摇匀备用。

（4）镁标准使用液（10mg/L）

准确移取 1.00mL 上述镁标准储备液于 100mL 容量瓶中，用蒸馏水稀释至刻度，摇匀备用。

（5）氯化镧溶液

准确称取 12.0g 氧化镧，放入 100mL 烧杯中，加入 10mL 水，慢慢加入盐酸 25mL 溶解，转移至 500mL 容量瓶中，稀释至刻度，摇匀备用。

2. 标准曲线的绘制

（1）钙标准曲线的绘制

准确移取 0.00mL、1.00mL、2.00mL、3.00mL、4.00mL、5.00mL 钙标准使用液，分别置于 50mL 容量瓶中，加入 2.00mL 氯化镧溶液，用蒸馏水稀释至刻度，摇匀备用。在仪器最佳条件下，于波长 422.7nm 处，先用空白试剂调零，然后测定钙标准溶液的吸光度。以吸光度为纵坐标，相对应的钙含量为横坐标，绘制出钙标准曲线。

（2）镁标准曲线的绘制

准确移取 0.00mL、2.00mL、4.00mL、6.00mL、8.00mL、10.00mL 镁标准使用液，分别置于 50mL 容量瓶中，加入 2.00mL 氯化镧溶液，用蒸馏水溶液稀释至刻度，摇匀备用。在仪器最佳条件下，于波长 285.2nm 处，先用空白试剂调零，然后测定镁标准溶液的吸光度。以测定的吸光度为纵坐标，相对应的镁含量为横坐标，绘制出镁标准曲线。

3. 自来水样溶液中钙、镁的测定

用移液管移取适量体积的水样于 50mL 容量瓶中，加入 2.00mL 氯化镧溶液，用蒸馏水稀释至刻度，摇匀备用。按照标准曲线绘制过程中相同的仪器条件，于波长 422.7nm 和波长 285.2nm 处分别测定吸光度，从标准曲线上计算出自来水水样中钙和镁的含量。

五、数据记录与处理

1. 准确记录测定钙、镁标准溶液系列的吸光度和自来水样溶液的吸光度（表 1、表 2）。

表 1　钙标准曲线的绘制

钙标准溶液的浓度 c/(mg/L)					
吸光度 A					

表 2　镁标准曲线的绘制

镁标准溶液的浓度 c/(mg/L)					
吸光度 A					

2. 根据钙、镁标准液系列吸光度值，以吸光度为纵坐标，质量浓度为横坐标，绘制标准曲线，作出回归方程，计算出相关系数。

3. 根据自来水样吸光度值，依据标准曲线计算出钙、镁的含量。

六、问题与讨论

1. 简述原子吸收光谱分析的基本原理。

2. 原子吸收光谱分析为何要用待测元素的空心阴极灯做光源？

3. 标准曲线法的特点及适用范围？如果试样成分比较复杂，应该怎样进行测定？

实验四　原子吸收标准加入法测定黄酒中铜的含量

一、实验目的

1. 掌握原子吸收分光光度计的主要结构及操作方法。
2. 学习使用标准加入法进行定量分析。
3. 掌握黄酒中有机物的消解方法。

二、实验原理

原子吸收分光光度法进行定量分析时，试样基体组成不明确或基体组成复杂时，可以使用标准加入法进行定量分析。

原子吸收标准加入法原理如下：将待测试液分成体积相同的若干份（一般为5份），分别加入不同浓度的标准溶液，加入的标准溶液浓度分别为0、c_s、$2c_s$、$3c_s$、$4c_s$，分别测定其吸光度。以加入的标准溶液浓度与吸光度作图，可得一直线（图1）。将此直线外推至与浓度轴相交。交点至坐标原点的距离即是被测元素经稀释后的浓度 c_x。

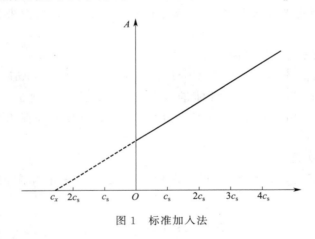

图1　标准加入法

三、仪器与试剂

1. 仪器

原子吸收分光光度计，铜空心阴极灯，无油空气压缩机，乙炔钢瓶，电热烘箱，移液管，容量瓶。

2. 试剂

金属铜（优级纯），浓硝酸（优级纯或光谱纯），浓硫酸，去离子水。

四、实验步骤

1. 标准溶液的配制

（1）铜标准储备液（1000mg/L）

准确称取纯铜0.500g，置于100mL烧杯中，然后加入10mL浓 HNO_3 溶液，再转移到500mL容量瓶中，用1∶100 HNO_3 稀释至刻度线，摇匀备用。

（2）铜标准使用液（100mg/L）

准确吸取10mL上述铜标准储备液，置于100mL容量瓶中，用1∶100 HNO_3 稀释至刻度线，摇匀备用。

2. 黄酒的预处理

量取 100mL 黄酒样品于 250mL 烧杯中，加热浓缩使溶液呈现浆状，缓慢加入 25mL 浓硫酸并加热消煮 1h，加入 10mL 浓硝酸继续消化。如果溶液颜色较深，可继续加入浓硝酸，直至溶液呈黄色，然后将消解液转移至 100mL 容量瓶中，并用去离子水稀释至刻度，摇匀备用。

3. 铜系列标准溶液的配制及测定

在 5 只 100ml 容量瓶中各加入 5mL 消化样品液，然后分别加入 0.00mL、1.00mL 、2.00mL、3.00mL、4.00mL 上述铜标准溶液，用去离子水定容至刻度线，摇匀。

根据实验条件，将原子吸收分光光度计按操作步骤进行调节，以空白为参比分别测其吸光度值，绘制 A-c 标准曲线。

4. 求出黄酒中铜的含量

五、数据记录与处理

1. 铜标准曲线的绘制

用铜的标准系列溶液的浓度对吸光度绘制标准曲线（表1）。

表 1　标准曲线的绘制

铜标准溶液的浓度 c/(mg/L)					
吸光度 A					

2. 计算出黄酒中铜的浓度

根据得到的铜标准曲线，延长标准曲线与浓度轴相交，再根据黄酒的稀释程度计算出黄酒中铜的浓度。

六、问题与讨论

1. 采用标准加入法进行定量分析应注意哪些问题？
2. 标准曲线法和标准加入法的应用范围分别是什么？

实验五　原子吸收分光光度法测定奶粉中锌的含量

一、实验目的

1. 学习食品试样的预处理方法。
2. 掌握原子吸收分光光度法测定食品中锌元素的方法。
3. 熟练掌握原子吸收分光光度计的使用方法。

二、实验原理

Zn 是生物体必需的微量元素，是机体中 200 多种酶的组成部分，参与了广泛的生化作用，对促进生长发育和组织修复，增强免疫力等都有重要作用。原子吸收分光光度法是测定金属元素的常用方法，可以测定奶粉等食品中锌元素的含量。

将奶粉样品灰化处理后，导入原子吸收分光光度计中，经原子化，锌在波长 213.8nm 处，对锌空心阴极灯发射的谱线有特异吸收。在一定浓度范围内，其吸收值与锌的含量成正比，与标准系列比较后能求出食品中锌的含量。

三、仪器与试剂

1. 仪器

原子吸收分光光度计，锌空心阴极灯，移液管，容量瓶。

2. 试剂

盐酸 0.2%（体积比），盐酸（1:1），硝酸，锌粉。

四、实验步骤

1. 配制锌的标准储备液（浓度为 1mg/mL）

准确称取 1.0000g 锌粉，加入硝酸（1:1）40mL，待溶解后转移至 1000mL 容量瓶中，用蒸馏水稀释至刻度，摇匀备用。

2. 配制锌标准使用液（浓度为 100μg/mL）

吸取 25.00mL 锌的标准储备液于 250mL 容量瓶中，以 0.2% 盐酸稀释至刻度。

3. 锌标准溶液的配制及测定

分别吸取 0.00mL、0.50mL、1.00mL、1.50mL、2.00mL、2.50mL 锌标准使用液于 100mL 容量瓶中，再以 0.2% 的 HCl 稀释至刻度，待测。

在仪器最佳操作条件下，预热 20～30min。等仪器稳定后，用试剂空白调零后，按照浓度由低到高测定标准溶液的吸光度。

4. 奶粉样品前处理

称取为 2.000g 奶粉于坩埚中，小火炭化至无烟后，移入马弗炉中在（500±25）℃下灰化 2h 后，取出坩埚后冷却，加盐酸（1:1）2mL，以小火加热至残渣完全溶解。转移至 100mL 容量瓶，再用 0.2% 盐酸定容至刻度。

5. 奶粉试样中锌含量的测定

在步骤 3 同样的实验条件下，用原子吸收分光光度计测量奶粉处理试样溶液 4 的吸光度。

五、数据记录与处理

1. 绘制 Zn 的标准曲线

以 Zn 标准溶液的浓度 c 为横坐标，以测得的吸光度 A 为纵坐标，绘制标准曲线 A-c（表 1）。

表 1　标准曲线的绘制

锌标准溶液的浓度 $c/(\mu g/mL)$					
吸光度 A					

2. 计算奶粉中 Zn 的含量

根据测得的奶粉试样的吸光度及稀释倍数，计算出奶粉中 Zn 的含量。

六、问题与讨论

1. 奶粉的预处理方法有哪些？
2. 如果试样成分比较复杂，应该怎样进行测定？

实验六　邻二氮菲分光光度法测定铁

一、实验目的

1. 了解显色条件对物质吸光特性的影响。
2. 掌握分光光度法测定铁的原理及方法。
3. 学会正确使用分光光度计。

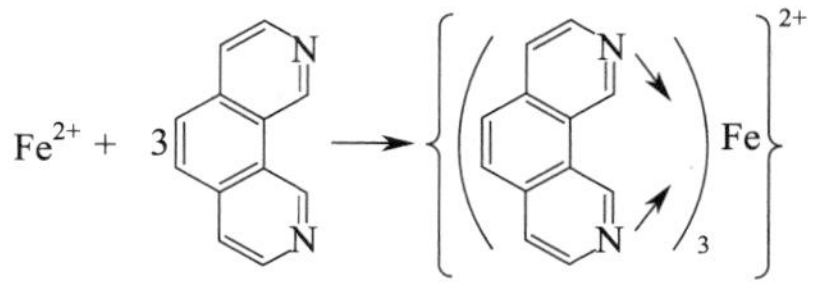

图 1　邻二氮菲和 Fe^{2+} 的络合反应

二、实验原理

分光光度法测定铁含量时，邻二氮菲（phen）是较好的试剂之一。其原理是邻二氮菲和 Fe^{2+} 在 pH 2～9 的溶液中可生成一种稳定的橙红色络合物 $Fe(phen)_3^{2+}$，其反应如图 1 所示：

此配合物的最大吸收波长在 510nm，$\varepsilon_{510} = 1.1 \times 10^4$ L/(mol·cm)。

本方法的选择性很高，相当于含铁量 40 倍的 Mg^{2+}、Zn^{2+}、Sn^{2+}、Al^{3+}、Ca^{2+}、SiO_3^{2-}，20 倍的 PO_4^{3-}、Cr^{3+}、Mn^{2+}，5 倍的 Co^{2+}、Cu^{2+} 等均不干扰测定。

由于本实验中显色反应的完全程度受溶液的酸度、显色剂用量、反应温度和时间等因素影响，因此，为获得准确的定量结果，应首先通过基本条件试验确定最佳反应条件，然后在最佳反应条件下，利用标准曲线法完成铁含量的测定。

三、仪器与试剂

1. 仪器

可见分光光度计，酸度计。

2. 试剂

$100\mu g/mL$ 铁标准溶液：准确称取 0.2158g 分析纯硫酸铁铵 $[NH_4Fe(SO_4)_2 \cdot 12H_2O]$ 置于烧杯中，先加适量水溶解后，再加入 5mL 6mol/L HCl 溶液，定量转移到 250mL 容量瓶中，用水稀释至刻度，摇匀。

0.15％邻二氮菲水溶液：将 1.5g 邻二氮菲用 5～10mL 95％的乙醇溶解，再用蒸馏水稀释到 1000mL。水溶液避光保存，溶液颜色变暗时即不能使用。

10％盐酸羟胺水溶液：称取 10g 盐酸羟胺，先用少量蒸馏水溶解，再稀释到 100mL。用时现配。

1.0mol/L 乙酸钠溶液，1.0mol/L 氢氧化钠溶液。

四、实验步骤

1. 条件试验

（1）吸收曲线的制作

吸取 1.00mL $100\mu g/mL$ 铁标准溶液于 50mL 容量瓶中，加 1.0mL 10％ 盐酸羟胺水溶液，摇匀后静置 1min，再分别加入 2.0mL 0.15％邻二氮菲水溶液、5.0mL 1.0mol/L 乙酸钠溶液，以蒸馏水稀释至刻度，摇匀，放置 10min，在分光光度计上，用 1cm 吸收池，采用试剂空白（可用蒸馏水代替）为参比溶液，在 460～560nm，每隔 5nm 测定一次吸光度，以波长 λ 为横坐标，吸光度 A 为纵坐标绘制吸收曲线，选择测量铁的适宜测量波长。

（2）显色剂用量的确定

在 8 只 50mL 容量瓶中，各加 1.0mL $100\mu g/mL$ 铁标准溶液和 1.0mL 盐酸羟胺水溶液，摇匀后放置 1min。再分别加入 0.2、0.4、0.6、0.8、1.0、2.0、4.0mL、6.0mL 的邻

二氮菲水溶液和 5.0mL 乙酸钠溶液，以蒸馏水稀释至刻度，摇匀，放置 10min。以蒸馏水为参比，用 1cm 吸收池在选定波长下测量各溶液的吸光度。绘制吸光度 A-显色剂用量曲线，确定最佳显色剂的用量。

（3）溶液适宜酸度的确定

在 8 只 50mL 容量瓶中各依次加 1.0mL 100μg/mL 铁标准溶液、1.0mL 盐酸羟胺水溶液和 2.0mL 邻二氮菲水溶液，摇匀。然后分别加入 0.0mL、0.2mL、0.5mL、1.0mL、1.5mL、2.0mL、2.5mL、3.0mL NaOH 溶液，定容摇匀，放置 10min 后，以蒸馏水为参比，在选定波长下，用 1cm 吸收池测量各溶液的吸光度。另外，用精密 pH 试纸或酸度计测量各溶液的 pH。绘制吸光度 A-pH 曲线，确定适宜的 pH。

（4）显色反应时间的研究

吸取 1.0mL 100μg/mL 铁标准溶液，于 50mL 容量瓶中，加 1.0mL 盐酸羟胺水溶液，摇匀后再加入 2.0mL 邻二氮菲水溶液和 5.0mL 乙酸钠溶液，用蒸馏水稀释至刻度，摇匀，立刻在选定波长下，用 1cm 吸收池测吸光度，然后每放置一段时间测量一次吸光度。放置时间：5min、10min、30min、1h、1.5h、2h。绘制吸光度 A-放置时间 t 曲线，对显色反应时间做出判断。

2. 测定铁的含量

（1）标准曲线的绘制

在序号为 1～5 的 5 只 50mL 容量瓶中，用吸量管分别加入 0.2mL、0.4mL、0.6mL、0.8mL、1.0mL 铁标准溶液，分别加入 1.0mL 盐酸羟胺水溶液，摇匀后放置 1min，再依次加入 2.0mL 邻二氮菲水溶液和 5.0mL 乙酸钠溶液，以蒸馏水稀释至刻度，摇匀放置 10min。用 1cm 吸收池，以空白试剂为参比，在选定波长下测定 1～5 号溶液的吸光度。以铁的含量为横坐标，相应的吸光度为纵坐标绘制标准曲线。

（2）铁含量的测定

准确移取铁试样溶液适量于 50mL 容量瓶，按标准曲线的制作步骤显色后，在相同条件下测量吸光度。

五、数据记录与处理

1. 绘制吸收曲线，并确定配合物的最大吸收波长。

2. 分别绘制吸光度 A-显色剂用量曲线、吸光度 A-pH 曲线和吸光度 A-放置时间 t 曲线，确定最佳显色剂的用量、最适宜的 pH 范围和最佳显色反应时间。

3. 绘制标准曲线，由标准曲线查出并计算试样中微量铁的含量。

六、问题与讨论

1. 实验中改变试剂的加入顺序对实验结果是否有影响？请说明原因。

2. 在测绘校准曲线和测定未知铁样时，均以空白试剂溶液为参比。为什么在之前的实验中，可以用水作参比？

3. 吸收曲线和标准曲线有何区别？在实际应用中各有何作用？

实验七　分光光度法测定配合物的组成

一、实验目的

1. 掌握摩尔比法测定配合物组成的原理及方法。

2. 进一步熟悉分光光度计的使用。

二、实验原理

摩尔比法是根据金属离子 M 在与配体 L 反应过程中被饱和的原则来测定配合物 ML_n 组成的方法。若配合反应为：

$$M + nL \rightleftharpoons ML_n$$

如果 M 与 L 均对 ML_n 的测定无干扰，则固定 M 的浓度 c_M，改变配体的浓度 c_L，可得到一系列的 c_L/c_M 值不同的溶液。在适宜的波长下，测定各溶液的吸光度 A，再以吸光度 A 对 c_L/c_M 作图。如图 1 所示。

将曲线的线性部分延长，其交点所对应的 c_L/c_M 值即为该配合物的配位数 n。此法简单，主要适用于离解度小、组成比高的配合物组成的测定。

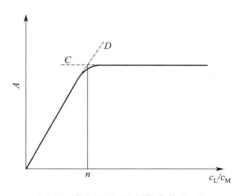

图 1　摩尔比法测定络合物组成

三、仪器与试剂

1. 仪器

可见分光光度计。

2. 试剂

1×10^{-3} mol/L 铁标准溶液：准确称取 0.4820g $NH_4Fe(SO_4)_2 \cdot 12H_2O$ 置于烧杯中，加少量水和 20mL 1:1 H_2SO_4 溶液，溶解后定量转移到 1L 容量瓶中，用水稀释至刻度，摇匀。

1×10^{-3} mol/L 邻二氮菲水溶液：准确称取 0.1980g 邻二氮菲置于烧杯中，加水溶解定量转移到 1L 容量瓶中，用水稀释至刻度，摇匀。

10% 盐酸羟胺溶液，1.0mol/L 乙酸钠溶液。

四、实验步骤

① 取 50mL 容量瓶 9 个，分别加入 1.00mL 1×10^{-3} mol/L 铁标准溶液和 1.0mL 10% 盐酸羟胺溶液，摇匀，放置 2min。

② 于上述 1~9 个容量瓶中依次加入 1.0mL、1.5mL、2.0mL、2.5mL、3.0mL、3.5mL、4.0mL、4.5mL、5.0mL 1×10^{-3} mol/L 邻二氮菲水溶液后，再分别加入 5.0mL 1.0mol/L 乙酸钠溶液，以水稀释至刻度，摇匀。

③ 将分光光度计波长调至 510nm，用 1cm 吸收池，以水为参比，测定上述溶液的吸光度 A。

五、数据记录与处理

绘制 A-c_L/c_M 关系曲线，将曲线直线部分延长并相交，根据交点位置确定配合物的配位数。

六、问题与讨论

1. 摩尔比法测定配合物组成时，适宜分析的配合物应满足什么条件？
2. 此实验中为什么可以用水代替空白试剂作参比？

实验八　分光光度法对维生素 B_{12} 的定性鉴别与含量测定

一、实验目的

掌握分光光度法进行定性鉴别及定量检测的方法。

二、实验原理

维生素 B_{12} 注射液为一类含钴的有机药物，为粉红色至红色的澄清液体，可用于治疗恶性贫血等疾病。维生素 B_{12} 的水溶液在（278±1）nm、（361±1）nm 与（550±1）nm 波长处有最大吸收。

定性分析：药典规定，维生素 B_{12} 在 361nm 波长处的吸光度与 278nm 波长处的吸光度的比值应为 1.70～1.88。361nm 波长处的吸光度与 550nm 波长处的吸光度比值在 3.15～3.45，据此可进行定性鉴定。

定量分析：

（1）吸光系数法

由朗伯-比尔定律 $A = E_{1cm}^{(1\%)} lc$，$E_{1cm}^{(1\%)}$ 为吸光系数，单位为 100mL/（g·cm）。在 361nm 处测定吸光度，$E_{1cm}^{(1\%)}$ 按 207 计算，即可求得样品含量及标示量含量。

（2）标准曲线法

配制维生素 B_{12} 标准系列，以空白试剂作参比，在 361nm 处分别测定吸光度，绘制吸光度（A）-浓度（c）标准曲线。在相同条件下测定样品吸光度，即可求出维生素 B_{12} 含量及标示量含量。

三、仪器与试剂

1. 仪器

紫外-可见分光光度计。

2. 试剂

$500\mu g/mL$ 维生素 B_{12} 标准液，维生素 B_{12} 针剂。

四、实验步骤

1. 定性分析

取维生素 B_{12} 针剂一支，于 25mL 容量瓶中定容，测定溶液在 278nm、361nm 及 550nm 处的吸光度。

2. 定量分析

（1）吸光系数法

同定性鉴别步骤，在 361nm 波长处，以蒸馏水为参比测定吸光度。

（2）标准曲线法

分别取 0.50mL、1.00mL、1.50mL、2.00mL、2.50mL 维生素 B_{12} 标准液（$500\mu g/mL$）于 25.00mL 容量瓶中，用水稀释至刻度。在波长 361nm 处测各溶液吸光度 A。

取一支维生素 B_{12} 针剂，定容于 25mL 容量瓶中，在相同实验条件下测其吸光度 A。

五、数据记录与处理

1. 定性分析

记录 278nm、361nm 与 550nm 波长处的吸光度，计算两两波长处的吸光度比值 A_{361}/A_{278}、A_{361}/A_{550}，定性鉴别标准为（$A_{361}/A_{278} = 1.70～1.88$，$A_{361}/A_{550} = 3.15～3.45$）。

2. 定量分析

（1）吸光系数法

记录 361nm 处的吸光度，按 $E_{1cm}^{(1\%)} = 207$，计算样品含量及标示量含量。标示量含量＝90%～110%，合格。

（2）标准曲线法

由维生素 B_{12} 标准系列溶液及相应浓度值绘制标准曲线，根据样品的吸光度值，在标准曲线上查出并计算样品含量及标示量含量。

六、问题与讨论

1. 比较吸光系数法和标准曲线法哪种方法用于定量分析更好？为什么？

2. 比较同一溶液在不同仪器上测得的吸收曲线形状、吸收峰波长及吸光度有无差异，试作解释。

实验九　紫外吸收光谱法测定食品中的防腐剂——苯甲酸

一、实验目的

1. 掌握紫外吸收光谱法测定苯甲酸的原理和方法。

2. 学习紫外分光光度计的使用。

二、实验原理

食品在储存、运输过程中易发生腐败、变质，因此，食品中常添加少量防腐剂。苯甲酸及其钠盐、钾盐是食品卫生标准允许使用的主要防腐剂之一。苯甲酸具有芳香结构，在波长 225nm 和 272nm 处有强吸收，其中，最大吸收在 225nm 处，可根据其紫外吸收光谱特征进行定性鉴定和定量检测。

另外，食品中其他成分也可能干扰苯甲酸的测定，因此，在测定中一般需预先将苯甲酸与其他成分分离，常用的方法有蒸馏法和溶剂萃取法等。但本实验以雪碧中的苯甲酸为测定对象，其中含有的人工合成色素、甜味剂等一般在紫外区无吸收，因此，不干扰测定，样品无需处理。

三、仪器与试剂

1. 仪器

紫外-可见分光光度计。

2. 试剂

0.1mg/mL 苯甲酸标准储备液：称取 0.1000g 苯甲酸（AR，需预先经 105℃ 干燥处理）于 100mL 容量瓶中，加适量蒸馏水定容，准确移取 5.00mL 于 50mL 容量瓶，用蒸馏水定容至刻度。

雪碧汽水。

四、实验步骤

1. 标准曲线绘制

取苯甲酸标准储备液 1.00mL、2.00mL、3.00mL、4.00mL、5.00mL，分别加入 1～5 号 5 个 50mL 容量瓶中，用蒸馏水稀释至刻度。以蒸馏水为参比，测定其中 5 号标准溶液的紫外吸收光谱（测定波长范围为 200～350nm），找出 λ_{max}，然后在 λ_{max} 处，按顺序测定系列标准溶液的吸光度 A。

2. 样品处理和测定

取雪碧饮料用超声脱气驱赶二氧化碳后，准确移取 1.00mL 于 50mL 容量瓶中（苯甲酸在不同品牌的饮料中含量存在差异，移样量可酌量增减），用蒸馏水定容，在 λ_{max} 处测定吸光度。

五、数据记录与处理

1. 根据苯甲酸的吸收曲线，确定最大吸收波长 λ_{max}。
2. 以苯甲酸的吸光度 A 为纵坐标，相应的浓度 c 为横坐标，绘制标准曲线。
3. 计算样品溶液中苯甲酸的含量。

六、问题与讨论

1. 苯甲酸的紫外吸收峰由哪些跃迁引起？
2. 查资料了解检测食品中苯甲酸的其他方法。

实验十　紫外吸收光谱法同时测定维生素 C 和维生素 E

一、实验目的

1. 学会测定双组分体系中各组分含量的原理和方法。
2. 进一步熟悉紫外分光光度计的使用。

二、实验原理

维生素 C（抗坏血酸）和维生素 E（α-生育酚）是具有抗氧化、抗衰老功效的两种维生素。由于两者在抗氧化性能方面有"协同"作用，因此作为一种有用的组合试剂用于各种食品中。

虽然维生素 C 和维生素 E 一个为水溶性，另一个为脂溶性，但两者都能溶于无水乙醇，且在紫外区均有吸收。因此，由两者组成的混合物，可根据吸收光谱的性质以及吸光度的加和性，通过选择两个合适的测定波长，采用解联立方程的方法实现两者含量的同时测定。

本实验中，先测定并计算出维生素 C（V_C）和维生素 E（V_E）在 $\lambda_{max}^{V_C}$（λ_1）和 $\lambda_{max}^{V_E}$（λ_2）处的比例常数 $\varepsilon_{\lambda1}^{V_C}$、$\varepsilon_{\lambda2}^{V_C}$、$\varepsilon_{\lambda1}^{V_E}$ 和 $\varepsilon_{\lambda2}^{V_E}$，解如下联立方程，即可测定样品中两组分各自的含量。

$$A_{\lambda1} = A_{\lambda1}^{V_C} + A_{\lambda1}^{V_E} = \varepsilon_{\lambda1}^{V_C} l c^{V_C} + \varepsilon_{\lambda1}^{V_E} l c^{V_E} \tag{1}$$

$$A_{\lambda2} = A_{\lambda2}^{V_C} + A_{\lambda2}^{V_E} = \varepsilon_{\lambda2}^{V_C} l c^{V_C} + \varepsilon_{\lambda2}^{V_E} l c^{V_E} \tag{2}$$

三、仪器与试剂

1. 仪器

紫外分光光度计。

2. 试剂

7.50×10^{-5} mol/L 的维生素 C 标准储备液：准确称取 0.0132g 维生素 C 溶于无水乙醇中，并用无水乙醇定容于 1000mL 容量瓶中。

1.13×10^{-4} mol/L 的维生素 E 标准储备液：准确称取 0.0488g 维生素 E 溶于无水乙醇中，并用无水乙醇定容于 1000mL 容量瓶中。

无水乙醇。

四、实验步骤

1. 维生素 C 标准系列溶液的配制

分别取维生素 C 标准储备液 4.00mL、6.00mL、8.00mL、10.00mL 于 4 个 50mL 容量

瓶中，用无水乙醇稀释至刻度、摇匀。

2. 维生素 E 标准系列溶液的配制

分别取维生素 E 标准储备液 4.00mL、6.00mL、8.00mL、10.00mL 于 4 个 50mL 容量瓶中，用无水乙醇稀释至刻度、摇匀。

3. 吸收光谱的绘制

在 220～320nm 波长范围，以无水乙醇为参比，用 1cm 吸收池，绘制维生素 C 和维生素 E 的吸收光谱，根据吸收光谱确定各自的最大吸收波长 λ_1 和 λ_2。

4. 标准曲线的绘制

以无水乙醇为参比，用 1cm 吸收池，在波长 λ_1 和 λ_2 处分别测定步骤 1 和 2 中配制的维生素 C 和维生素 E 标准系列溶液的吸光度。

5. 未知液的测定

取未知液 5.00mL 于 50mL 容量瓶，用无水乙醇稀释定容后分别在两波长处测定吸光度。

五、数据记录与处理

1. 分别绘制维生素 C 和维生素 E 的吸收光谱，确定各自的最大吸收波长 λ_1 和 λ_2。

2. 由维生素 C 和维生素 E 在 λ_1 和 λ_2 处的吸光度和浓度，分别绘制 4 条标准曲线，求出 4 条直线的斜率，即 $\varepsilon_{\lambda 1}^{V_C}$、$\varepsilon_{\lambda 2}^{V_C}$、$\varepsilon_{\lambda 1}^{V_E}$ 和 $\varepsilon_{\lambda 2}^{V_E}$。

3. 列出联立方程，求出未知液中维生素 C 和维生素 E 的含量。

六、问题与讨论

1. 根据维生素 C 和维生素 E 的结构式，分析两者一个是水溶性、一个是脂溶性的原因。

2. 本方法测定维生素 C 和维生素 E 的灵敏度如何，解释其原因。

实验十一　紫外吸收光谱法鉴定苯酚及其含量测定

一、实验目的

掌握紫外吸收光谱法对物质定性和定量分析的原理及方法。

二、实验原理

苯酚是一种常见的化学品，是生产某些树脂、杀菌剂、防腐剂以及药物的重要原料，其含量超标就会产生很大的毒害作用。苯酚结构中含有苯环和共轭双键，在紫外区有特征吸收。由苯酚在紫外区的最大吸收波长 λ_{max}、最大摩尔吸收系数 ε_{max} 及吸收曲线的形状可进行定性分析。苯酚在最大吸收波长处的吸光度 A 与其含量之间符合朗伯-比尔定律，可进行定量分析。

三、仪器与试剂

1. 仪器

紫外-可见分光光度计。

2. 试剂

苯酚标准溶液 250mg/L：准确称取 25.0mg 苯酚，用二次蒸馏水溶解，定容于 100mL 容量瓶中。

苯酚待测液。

四、实验步骤

1. 定性分析

用 1cm 石英吸收池，蒸馏水作参比溶液，在 200～500nm 波长范围扫描，分别绘制苯酚标准溶液和待测液的吸收曲线。将待测液的吸收曲线上找出 λ_{max}，并求出 ε_{max} 与其所对应的吸光度的比值，对比苯酚标准溶液的吸收曲线及光谱数据表，鉴定苯酚。

2. 定量分析

（1）标准曲线的制作

分别吸取 250mg/L 苯酚标准溶液 1.00mL、2.00mL、3.00mL、4.00mL、5.00mL 于 5 只 25mL 容量瓶中，用蒸馏水定容。以蒸馏水为参比溶液，测定最大吸收波长 λ_{max} 处的吸光度。以吸光度对浓度作图，绘制标准曲线。

（2）定量测定待测液中的苯酚含量

取苯酚待测液 5.00mL 于 25mL 容量瓶后中，以蒸馏水定容。在同样条件下测定溶液的吸光度。根据标准曲线计算苯酚待测液的含量。

五、数据记录与处理

1. 定性鉴定结果（表 1）

表 1　定性鉴定结果

λ_{max}苯酚标液/nm	λ_{max}待测液/nm	ε_{max}苯酚标液	ε_{max}待测液	ε_{max}苯酚标液/ε_{max}待测液	鉴定结果

从吸收曲线上可以看出，该物质在＿＿＿＿＿＿＿＿有强吸收，表示含有＿＿＿＿＿＿＿＿。

2. 定量分析结果（表 2）

表 2　定量分析结果

苯酚的量 mg/L	10.00	20.00	30.00	40.00	50.00	待测液
吸光度 A						

绘制标准曲线，可知原待测液中的苯酚含量为＿＿＿＿＿＿＿＿＿＿。

六、问题与讨论

1. 讨论影响紫外吸收光谱的因素。
2. 讨论在紫外吸收光谱定性、定量分析中吸收曲线的意义。

实验十二　紫外双波长分光光度法测定对氯苯酚存在时苯酚含量

一、实验目的

1. 理解双波长法测定混合物中待测组分含量的原理。
2. 掌握双波长法选择两波长的方法。

二、实验原理

当试样中两共存组分 X 和 Y 的吸收光谱互相干扰时，无法采用测定单一组分含量的方法来测定其中某一组分的含量。此时可采用双波长法消除干扰后，实现测定一种组分或分别测定两种组分的目的。

双波长分光光度法定量分析的依据为：在选定的两波长（λ_1 与 λ_2）处测定的吸光度的

差值与待测组分的浓度 c^x 成正比，公式表示为：

$$\Delta A = \varepsilon_{\lambda 2} l c^x - \varepsilon_{\lambda 1} l c^x = (\varepsilon_{\lambda 2} - \varepsilon_{\lambda 1}) l c^x \tag{1}$$

其中，选择波长组合（λ_1 与 λ_2）的条件为：①选定的两波长处，干扰组分 Y 应有相同的吸收；②选定的两波长处，待测组分 X 的吸光度差值应足够大。

在具体选波长时，首先在同一个坐标系上分别绘制各组分单独存在时的吸收光谱，在待测组分 X 的最大吸收峰处或其附近选择测量波长 λ_2，再依据选波长组合的条件选出参比波长 λ_1。之后配制待测组分的系列标准溶液，测定其在 λ_1 与 λ_2 处的吸光度差值 ΔA，以 ΔA 对待测组分的浓度绘制标准曲线。最后在同样条件下测定样品溶液在两波长处吸光度的差值，由标准曲线求出样品中待测组分含量。

三、仪器与试剂

1. 仪器

紫外可见分光光度计。

2. 试剂

250mg/L 苯酚水溶液：称取 25.0mg 苯酚，用无酚蒸馏水溶解定量于 100mL 容量瓶中。

250mg/L 对氯苯酚水溶液：称取 25.0mg 对氯苯酚，用无酚蒸馏水溶解定量于 100mL 容量瓶中。

四、实验步骤

1. 绘制苯酚和对氯苯酚水溶液的吸收光谱

储备液稀释 5 倍，配成 50.0mg/L 苯酚和 50.0mg/L 对氯苯酚水溶液，以无酚蒸馏水为参比液，用 1cm 石英吸收池，在波长 250~300nm 范围内扫描各自的吸收光谱。将两吸收光谱绘制在同一图谱中，依据选波长组合的条件选出合适的 λ_1 和 λ_2，再用对氯苯酚复测两波长处吸光度是否相等。

2. 绘制标准曲线及测定未知试样中的苯酚

分别移取 250.0mg/L 的苯酚水溶液 2.00mL、4.00mL、6.00mL、8.00mL、10.00mL 及未知试样溶液 10.00mL。用无酚蒸馏水定容于 50mL 容量瓶中，摇匀。用 1cm 石英吸收池，以无酚蒸馏水为参比液，分别测定苯酚标准溶液及试样溶液在 λ_1 和 λ_2 处的吸光度。

五、数据记录与处理

1. 将苯酚水溶液和对氯苯酚水溶液的吸收光谱绘制在同一图谱上，并找出测量波长 λ_2 和参比波长 λ_1。

2. 计算标准系列溶液在两波长处吸光度的差值 ΔA，绘制 ΔA 对苯酚水溶液浓度的标准曲线。

3. 计算试样溶液在两波长处吸光度的差值 ΔA，由标准曲线查得其中的苯酚含量。

六、问题与讨论

1. 双波长法选波长应满足哪些条件？

2. 与单波长分光光度法相比，双波长法的优点有哪些？

实验十三　奎宁的荧光特性和含量测定

一、实验目的

1. 测量奎宁的激发光谱和荧光光谱。

2. 掌握溶液的 pH 和卤化物对奎宁荧光的影响及荧光法测定奎宁含量的方法。

3. 掌握荧光分光光度计的结构、性能及操作。

二、实验原理

由于处于基态和激发态的振动能级几乎具有相同的间隔，分子和轨道的对称性都未改变，因此有机化合物的荧光光谱和吸收光谱有镜像关系。奎宁在稀酸溶液中是强的荧光物质，它有两个激发波长 250nm 和 350nm，荧光发射峰在 450nm。在低浓度时，荧光强度（F）与荧光物质浓度（c）成正比，即

$$F = Kc \tag{1}$$

采用标准曲线法，即将已知量的标准物质经过和试样同样处理后，配制一系列标准溶液，测定标准溶液的荧光，用荧光强度对标准溶液浓度绘制标准曲线，再根据试样溶液的荧光强度，在标准曲线上求出试样中荧光物质的含量。

三、仪器与试剂

1. 仪器

RF-5301PC 荧光分光光度计，石英比色皿，100mL 容量瓶 2 个，250mL 容量瓶 1 个，50mL 容量瓶 10 个，100mL 烧杯 2 个，10mL 吸量管 1 支。

2. 试剂

奎宁储备液（100.0μg/mL）：用分析天平称取 120.7mg 硫酸奎宁二水合物，在烧杯中用 50mL 1mol/L H_2SO_4 溶解，并用去离子水定容至 100mL，将此溶液稀释 10 倍，得 10.00μg/mL 奎宁标准溶液。

0.05mol/L 溴化钠溶液，缓冲溶液（pH 为 1.0、2.0、3.0、4.0、5.0、6.0），0.05mol/L H_2SO_4。

四、实验步骤

1. 未知溶液中奎宁含量的测定

（1）配制一系列标准溶液

取 6 个 50mL 容量瓶，分别加入 10.00μg/mL 奎宁标准溶液 0mL、2.0mL、4.0mL、6.0mL、8.00mL、10.0mL，用 0.05mol/L H_2SO_4 稀释至刻度，摇匀。

（2）激发光谱和荧光光谱的绘制

以 $\lambda_{em} = 450nm$，在 200～400nm 扫描激发光谱，以 $\lambda_{ex} = 250nm$ 和 350nm，在 400～600nm 扫描荧光光谱。

（3）绘制标准曲线

将激发波长固定在 350nm（或 250nm），发射波长为 450nm，测量系列标准溶液的荧光强度。

（4）未知样的测定

取 4～5 片药片在研钵中研磨，准确称取 0.1g 左右，在烧杯中用 0.05mol/L H_2SO_4 溶解，转移至 10mL 容量瓶中，用 0.05mol/L H_2SO_4 稀释至刻度，摇匀。

用吸量管取上述溶液 5.00mL 至 50mL 容量瓶中，用 0.05mol/L H_2SO_4 溶液稀释至刻度，摇匀。与系列标准溶液同样条件，测量试样溶液的荧光强度。

2. pH 与奎宁荧光强度的关系

取 6 个 50mL 容量瓶，分别加入 10.00μg/mL 奎宁溶液 4.0mL，并分别用 pH 为 1.0、2.0、3.0、4.0、5.0、6.0 的缓冲溶液稀释至刻度，摇匀。测定 6 个溶液的荧光强度。

3. 卤化物猝灭奎宁荧光试验

分别取 $10.00\mu g/mL$ 奎宁溶液 $4.0mL$ 置于 5 个 $50mL$ 容量瓶中，分别加入 $0.05mol/L$ NaBr 溶液 $1mL$、$2mL$、$4mL$、$8mL$、$16mL$，用 $0.05mol/L$ H_2SO_4 稀释至刻度，摇匀，测量溶液的荧光强度。

五、数据记录与处理

1. 绘制荧光强度对奎宁溶液浓度的标准曲线，并由标准曲线确定未知试样的浓度，计算药片中的奎宁含量。

2. 以荧光强度对 pH 作图，并得出奎宁荧光与 pH 关系的结论。

3. 以荧光强度对溴离子浓度作图，并解释结果。

六、注意事项

奎宁溶液必须新配制并避光保存。

七、问题与讨论

1. 为什么测量荧光必须和激发光的方向成直角？

2. 如何绘制激发光谱和荧光光谱？

3. 能否用 $0.05mol/L$ 盐酸代替 $0.05mol/L$ H_2SO_4 稀释溶液？为什么？

实验十四　荧光分析法测定邻-羟基苯甲酸和间-羟基苯甲酸混合物中二组分的含量

一、实验目的

1. 掌握荧光分析法的基本原理。

2. 学习荧光光度计的操作和使用。

3. 学会用荧光分析法进行多组分含量的测定。

二、实验原理

荧光分光光度法，又称荧光分析法，具有灵敏度高、选择性好、样品用量少和操作简便等特点，已发展为一种重要的痕量分析技术，在卫生检验、环境及食品分析、药物分析、生化和临床检测等方面有着广泛的应用。荧光是具有 π-π 共轭体系的分子吸收较短波长的光（通常是紫外光和可见光），在很短的时间内发射出比照射光波长更长的光。任何荧光物质都有两个特征光谱：激发光谱和发射光谱（或称荧光光谱）。激发光谱表示不同激发波长的辐射引起物质发射某一波长荧光的相对效率。荧光光谱表示在所发射的荧光中各种波长的相对强度。激发光谱和荧光光谱可作为鉴别荧光物质和选择测定波长的重要依据。

荧光强度（F）是表征荧光发射的相对强弱的物理量。对于某一荧光物质的稀溶液，在一定波长和一定强度的入射光照射下，当液层厚度保持不变时，所发生的荧光强度和该溶液的浓度呈正比，即 $F=Kc$，式中 K 为比例常数，与仪器性能有关，c 为溶液的浓度。

在弱酸性水溶液（pH＝5.5）中，邻-羟基苯甲酸（水杨酸）易形成分子内氢键，从而使分子的刚性增强而产生较强荧光（图 1 为邻-羟基苯甲酸溶液的荧光光谱曲线），而间-羟基苯甲酸则无荧光。在碱性溶液（pH＝12）中，二者在 310nm 附近的紫外光照射下均会产生荧光，且邻-羟基苯甲酸的荧光强度与其在 pH＝5.5 时相同。因此，在 pH＝5.5 弱酸性水溶液中可测定邻-羟基苯甲酸的含量，间-羟基苯甲酸不会产生干扰。另取同量试样溶液将 pH 调至 12（确保荧光物质的浓度不变），从测得的荧光强度中扣除邻-羟基苯甲酸产生的荧光强度即可求出间-羟基苯甲酸的含量。在 $0 \sim 10 \mu g/mL$ 范围内荧光强度与二组分浓度均呈线性关系。对-羟基苯甲酸在此条件下无荧光产生，因而不干扰测定。

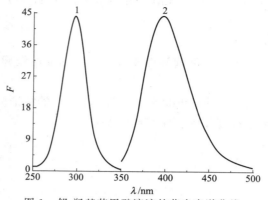

图 1　邻-羟基苯甲酸溶液的荧光光谱曲线
1—激发光谱；2—发射光谱

三、仪器与试剂

1. 仪器

荧光分光光度计，分析天平，比色管（25mL），移液管（5mL、2mL、1mL），容量瓶（1000mL）。

2. 试剂

邻-羟基苯甲酸，间-羟基苯甲酸，冰醋酸，醋酸钠，氢氧化钠。

四、实验步骤

1. 配制标准溶液和缓冲溶液

① 邻-羟基苯甲酸标准溶液：称取邻-羟基苯甲酸 0.1200g 溶解并定容于 1000mL 容量瓶中，摇匀备用。

② 间-羟基苯甲酸标准溶液：称取间-羟基苯甲酸 0.1200g 溶解并定容于 1000mL 容量瓶中，摇匀备用。

③ 醋酸-醋酸钠缓冲溶液：称取 50gNaAc 和 6g 冰醋酸配成 1000mL pH＝5.5 的缓冲溶液。

④ NaOH 溶液：0.1mol/L。

2. 配制标准系列和未知溶液

① 分别移取邻-羟基苯甲酸标准溶液 0mL、0.2mL、0.4mL、0.6mL、0.8mL、1.0mL 于 25mL 比色管中，各加入 2.5mL pH＝5.5 的醋酸盐缓冲溶液，用去离子水稀释至刻度，摇匀。

② 分别移取间-羟基苯甲酸标准溶液 0mL、0.2mL、0.4mL、0.6mL、0.8mL、1.0mL 于 25mL 比色管中，各加入 3.0mL 0.1mol/L NaOH 溶液，用去离子水稀释至刻度，摇匀。

③ 取 0.8mL 未知液两份于比色管中，其一加入 2.5mL pH＝5.5 的醋酸盐缓冲溶液，其二加入 3.0mL 0.1mol/L NaOH 溶液，分别用去离子水稀释至刻度，摇匀。

3. 激发光谱和发射光谱的测绘

分别用邻-羟基苯甲酸和间-羟基苯甲酸标准系列中第三份溶液测绘激发光谱和发射光谱。先固定激发波长为 300nm，在 350～500nm 进行波长扫描，获得溶液的发射光谱，在

400nm 左右为最大发射波长 λ_{em}；再固定发射波长为 λ_{em}，在 200nm～λ_{em} 进行波长扫描，获得溶液的激发光谱，在 300nm 附近为最大激发波长 λ_{ex}。

4. 荧光强度的测定

结合上述激发光谱和发射光谱的扫描结果，确定一组测定波长（λ_{ex} 和 λ_{em}），使之对二组分都有较高的灵敏度。在该组波长下测定上述标准系列各溶液和未知溶液的荧光强度。

五、数据记录与处理

1. 数据记录（表1）

表 1　不同溶液的荧光强度

测定条件：λ_{ex}＝_____nm，λ_{em}＝_____nm

溶液编号	溶液种类		
	邻-羟基苯甲酸溶液	间-羟基苯甲酸溶液	样品溶液
1			
2			
3			—
4			—
5			—
6			—

2. 数据处理

① 以荧光强度为纵坐标，分别以邻-羟基苯甲酸（水杨酸）和间-羟基苯甲酸的浓度为横坐标绘制工作曲线。

② 根据 pH 为 5.5 的未知溶液的荧光强度可在邻-羟基苯甲酸的工作曲线上确定未知液中邻-羟基苯甲酸的浓度。

③ 根据 pH 为 12 的未知液的荧光强度与 pH 为 5.5 的未知液的荧光强度之差值可在间-羟基苯甲酸的工作曲线上确定未知液中间-羟基苯甲酸的浓度。

六、问题与讨论

1. 在弱酸性水溶液中，邻-羟基苯甲酸（pK_{a1}＝3.00，pK_{a2}＝12.38）和间-羟基苯甲酸（pK_{a1}＝4.05，pK_{a2}＝9.85）的存在形式如何？为何两者的荧光性质不同？

2. 荧光强度的影响因素有哪些？

3. 荧光分光光度计与普通分光光度计在结构上有何异同点？

实验十五　以 8-羟基喹啉为络合剂荧光法测定铝的含量

一、实验目的

1. 掌握荧光光度计的使用方法。

2. 掌握荧光法测定铝的方法以及荧光测量、萃取等基本操作。

二、实验原理

铝是地壳中含量排在第三位的元素，仅次于氧元素和硅元素。由于其独特的物理和化学性质，铝已被广泛应用于建筑材料、电子材料、催化剂、医药、传感器等多个领域。铝的广泛应用给我们带来便利的同时，也留下了诸多不可避免的问题。高浓度水平的铝离子也会对环境和人体均造成一定的危害，能够即时有效地监测环境及生物样本中铝离子的含量至关重要。传统的用于检测铝离子的方法有离子质谱法、原子吸收光谱法、电感耦合等离子体原子发射光谱法和电化学方法等多种方法。与这些方法相比，荧光法则拥有选择性好、灵敏度高、易操作和响应迅速等众多优势，这些优点使得其在化学、生物医学等学科领域都有着较为广泛的应用。

Al^{3+} 能与许多有机试剂形成会发光的荧光络合物，其中 8-羟基喹啉是较常用的试剂，它与 Al^{3+} 反应所生成的络合物能被氯仿萃取，萃取液在 365nm 光激发下，会产生荧光，荧光发射波长在 530nm 处，以此建立铝的荧光测定方法。其测定铝的线性范围为 $0.002 \sim 0.24mg/mL$。Ga^{3+} 及 In^{3+} 会与该试剂形成会发光的荧光络合物，应加以校正。如果试样中存在大量的 Fe^{2+}、Ti^{4+}、VO_3^-，会使荧光强度降低，应加以分离。喹啉的荧光强度十分稳定，可作为荧光分析的基准物质，硫酸喹啉（0.5mol/L）溶液的荧光效率 $\varphi = 0.55$，本实验使用标准硫酸奎宁溶液作为荧光强度的基准。

三、仪器与试剂

1. 仪器

荧光光度计，50mL 容量瓶，125mL 分液漏斗，吸量管，量筒。

2. 试剂

铝标准溶液：

① 铝的储备标准液（1.0g/L）：称取 17.57g 硫酸铝钾［$Al_2(SO_4)_3 \cdot K_2SO_4 \cdot 24H_2O$］于烧杯中，加入 50mL 蒸馏水，滴加 1:1 硫酸 10mL，至溶液清澈，转移至 100mL 容量瓶中，用水稀释至刻度定容，摇匀。

② 铝的工作标准液（2.00mg/L）：取 2.00mL 铝的储备标准液于 10mL 容量瓶中，用水稀释至刻度，摇匀。

8-羟基喹啉溶液（2%）：称取 8-羟基喹啉 2g 于烧杯中，加入 6mL 冰醋酸，用水稀释至 100mL。

缓冲溶液：称取 NH_4Ac 200g 及浓 $NH_3 \cdot H_2O$ 70mL，用蒸馏水溶解至 1L，备用。

标准奎宁溶液（50.0mg/mL）：称取 0.500g 奎宁硫酸盐，用 1mol/L 硫酸定容至 10mL 配成储备液。再从储备液中取 10mL，用 1mol/L 硫酸定容至 100mL。

氯仿。

四、实验步骤

1. 系列标准溶液的配制

取六个 125mL 分液漏斗，各加入 40mL 蒸馏水，分别加入 0.00mL、1.00mL、2.00mL、3.0mL、4.00mL 及 5.00mL 2.00mg/L 铝的工作标准液，然后各加入 2mL 2% 的 8-羟基喹啉溶液和 2mL 氨性缓冲溶液至以上各分液漏斗中，摇匀。每个溶液均用 20mL 氯仿萃取 2 次。萃取氯仿溶液通过脱脂棉滤入 50mL 容量瓶中，并用少量氯仿洗涤脱脂棉，用氯仿稀释至刻度，摇匀。

2. 荧光强度的测量

选择 365nm 为激发波长，530nm 为发射波长，用标准奎宁溶液调节荧光光度计的狭缝宽度以及检测电流等各项仪器参数，使荧光强度调节到最大值。在此条件下然后分别测量系列标准溶液的荧光强度。

3. 未知试液的测定

取一定体积未知试液，按步骤 1、2 方法处理并测量。

五、数据记录与处理

1. 记录系列标准溶液的荧光强度，并绘出标准曲线。

2. 记录未知试样的荧光强度，由标准曲线求得未知试样的铝浓度。

六、问题与讨论

标准奎宁溶液的作用是什么？如不用标准奎宁溶液，测量应如何进行？

实验十六　苯甲酸红外光谱测定及结构分析

一、实验目的

1. 了解红外光谱仪的结构及工作原理。

2. 掌握一般固体样品的制样方法以及压片机的使用方法。

3. 掌握红外谱图的采集方法及数据处理的操作。

二、实验原理

当用连续波长的红外光（中红外，波数 $4000\sim400cm^{-1}$）来照射有偶极矩变化的样品分子时，某些波数的红外光会被样品分子选择性地吸收，引起分子化学键的振动能级和转动能级发生跃迁。通过检测红外光被吸收的情况，可得到样品的红外吸收光谱。根据谱图中吸收峰的位置、数目、形状等，可推测样品分子所含的基团或化学键，进行定性分析。根据特征吸收峰的强度，建立一定数学模型，可以进行定量分析。红外光谱法的特点是快速、样品量少（几微克～几毫克）、特征性强（各种物质有其特定的红外光谱图），能分析各种状态（气、液、固）的试样以及不破坏样品。红外光谱仪是化学、物理、地质、生物、医学、纺织、环保及材料科学等领域的重要研究工具和测试手段，而远红光谱更是研究金属配位化合物的重要手段。

图 1 为傅立叶红外光谱仪的原理图，光源发出的光被分束器分为两束，一束经反射到达动镜，另一束经透射到达定镜。两束光分别经定镜和动镜反射再回到分束器。动镜以一恒定速度 v_m 作直线运动，因而经分束器分束后的两束光形成光程差，产生干涉。干涉光在分束器会合后通过样品池，然后被检测。

苯甲酸为无色、无味的片状晶体，像这类固体样品，通常采用溴化钾压片法来采集其红外光谱。具体方法是将样品与作为分散介质的溴化钾混合均匀，充分研细，粒径要小于 2 微米（因为中红外区的波长是从 2.5 微米开始的），然后用压片机压成透明膜片，放到红外光谱仪的光路中，测定吸收情况。

三、仪器与试剂

1. 仪器

Nicolet6700 型傅立叶变换红外光谱仪，压片机，模具和样品架，玛瑙研钵，不锈钢镊子，不锈钢药匙，红外烘烤箱。

2. 试剂

KBr（光谱纯），苯甲酸（A.R.），无水乙醇（A.R.），脱脂棉。

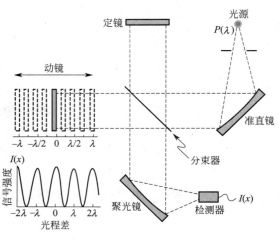

图 1　傅立叶红外光谱仪的原理图

四、实验步骤

1. 准备工作

① 开机：打开稳压电源开关，开启电脑，打开红外光谱仪器电源开关，开机预热 30min。

② 用玛瑙研钵一次研磨适量 KBr 晶体，置于红外烘烤箱干燥脱水，放入干燥器备用。

③ 用脱脂棉沾无水酒精，清洗压片模具及玛瑙研钵，并吹干，置于红外干燥箱烘干备用。

2. 试样的制备

取 2～3mg 苯甲酸与 200～300mg 脱水干燥后的 KBr 粉末，置于玛瑙研钵中，在红外灯下研磨混匀，充分研磨至颗粒粒度在 2μm 左右，用不锈钢药匙取 70～90mg 置于压片模具的孔洞中，样品要均匀地分散在模具孔的底部，组装好模具，用压片机压制成透明薄片待用。

3. 红外谱图的采集

① 启动 OMNIC 软件，检查光学平台的工作状态。在"OMNIC"窗口光学平台状态右上角显示绿色"√"，即为正常，若显示红色"×"则表示仪器不能工作，应重新检查各连接是否有问题。

② 在显示绿色"√"的条件下，点击采集下拉菜单里面的实验设置，设定采集样品前采集背景，还是采集样品后采集背景，或者是使用固定背景。设定扫描次数、光谱分辨率等条件。我们设定采集样品前采集背景，如果样品较多，也可以使用固定背景。

③ 点击采集下拉菜单里面的采集样品，开始采集背景，背景做完后，出现对话框，提示加入样品，打开红外光谱仪的样品仓门，将压好的透明薄片放置在样品架上，调节样品架的高度，使样品薄片处于红外光谱的光路中，再点击对话框中的确定，系统开始采集样品的红外谱图。测试结束后，系统自动扣除背景，所测样品的谱图显示在电脑屏幕的谱图窗口。

4. 结束工作

① 关机：打开样品仓，取出被测样品，关闭 OMNIC 软件，关闭红外光谱仪电源，关闭电脑主机及显示器电源。

② 用无水乙醇清洗玛瑙研钵、不锈钢药匙、镊子。

③ 清理台面，认真填写仪器使用记录。

五、数据记录与处理

1. 点击数据处理菜单下的吸光度，把透过率变成吸光度。点击数据处理菜单下的自动基线校正，使图谱在同一水平，剪切掉校正前的谱图；点击数据处理菜单下的自动平滑，过滤掉无用的毛峰，进行适当的平滑处理。如果处理效果不明显，也可以选择手动基线校正或手动平滑。

2. 点击数据处理菜单下的透过率，把吸光度变成透过率。点击谱图分析菜单下的标峰，标出主要吸收峰的波数值，也可以选择手动标注工具进行标峰。存储数据，一般选择 CSV 格式，打印谱图。

3. 用计算机进行谱图检索，并判断各主要吸收峰的归属。

六、问题与讨论

1. 为什么要求 KBr 粉末干燥，避免吸水受潮？

2. 为什么研磨的颗粒粒径要在 $2\mu m$ 左右？

实验十七 薄膜法测定聚乙烯和聚苯乙烯的红外光谱

一、实验目的

1. 掌握薄膜试样红外吸收光谱的测绘方法。
2. 熟悉傅里叶变换红外光谱仪（FTIR）的工作原理和使用方法。
3. 利用绘制的聚苯乙烯图谱进行红外光谱的校正。

二、实验原理

高分子聚合物的红外光谱，可通过薄膜法来测定。

热塑性高聚物可将样品放在模具中，加热到软化点以上或熔融后再加压力压成厚度合适的薄膜。在没有热压模具的情况下，薄膜可在金属、塑料或其他材料平板之间压制。

热稳定性差的聚合物或热固性材料，可将试样溶解在低沸点的易挥发溶剂中，涂在盐片上，待溶剂挥发后成膜测定。

三、仪器与试剂

1. 仪器

红外光谱仪，红外灯，薄膜夹，试管，镊子，玻璃平板，聚四氟乙烯平板（长宽各4cm、厚2mm 左右），酒精灯，不锈钢刮刀，玻璃棒，铜丝，滤纸等。

2. 试剂

四氯化碳（AR），聚乙烯树脂，聚苯乙烯，三氯甲烷（AR）。

四、实验步骤

取聚乙烯树脂颗粒投入试管内，在酒精灯上加热软化后，马上用不锈钢刮刀将软化物刮到聚四氟乙烯平板上同时摊成薄膜。将聚四氟乙烯平板水平置于酒精灯上方适宜的高度，加热至聚乙烯塑料重新软化后，离开热源，立即盖上另一片聚四氟乙烯平板，压制薄膜。待冷却后，用镊子小心取下薄膜。将聚乙烯薄膜放在薄膜夹上于红外光谱仪上测定谱图。

配制浓度约为 12% 的聚苯乙烯四氯化碳溶液，用胶头滴管吸取此溶液于干净的玻璃板上，立即用两端绕有细铜丝的玻璃棒将溶液推平，让其自然干燥 1～2h。然后将玻璃板浸入水中，用镊子小心地揭下薄膜，再用滤纸吸去薄膜上的水，将薄膜置于红外灯下烘干。最后将薄膜放在薄膜夹上于红外分光光度计上测绘谱图。用三氯甲烷为溶剂，同上操作再测谱图。

五、数据记录与处理

1. 记录实验条件。

2. 在获得的红外吸收光谱图上，从高波数到低波数，标出特征吸收峰的频率，并指出各特征吸收峰属于何种基团的什么形式的振动。

六、问题与讨论

1. 聚苯乙烯红外谱图中，各特征吸收峰属何种基团的什么形式的振动？

2. 为什么必须将制备薄膜的溶剂和水分除去？

实验十八　醛和酮的红外光谱测定

一、实验目的

1. 熟悉可拆式液体池的制样技术。

2. 掌握诱导效应、共轭效应及氢键等因素对羰基伸缩振动频率的影响。

二、实验原理

醛酮的红外光谱在 $1870 \sim 1600 \, cm^{-1}$ 范围内出现强吸收峰，这是由碳氧双键的伸缩振动能级发生跃迁所引起的，其位置相对较固定且谱带强度大，在红外谱图中很容易识别。而羰基的伸缩振动易受到样品的物理状态、相邻取代基团、共轭效应、氢键和环张力等因素的影响，其吸收谱带实际位置有所差别。

脂肪醛 $1740 \sim 1720 \, cm^{-1}$ 范围内有吸收。α-碳上的电负性取代基会增加羰基谱带吸收频率。例如，乙醛在 $1730 \, cm^{-1}$ 处吸收，而三氯乙醛在 $1768 \, cm^{-1}$ 处吸收。双键与羰基产生共轭效应，会降低碳氧双键的吸收频率。芳香醛在低频处吸收，内氢键也使吸收向低频方向移动。

酮的羰基比相应的醛的羰基在稍低些的频率处吸收，饱和脂肪酮在 $1715 \, cm^{-1}$ 左右有吸收。同样，与双键的共轭会造成吸收向低频移动，酮与溶剂之间的氢键也将降低羰基的吸收频率。

三、仪器与试剂

1. 仪器

Nicolet6700 型傅立叶变换红外光谱仪，压片机，压模，样品架，可拆式液体池，盐片，红外灯，玛瑙研钵。

2. 试剂

苯甲醛，肉桂醛，正丁醛，二苯甲酮，环己酮，苯乙酮，滑石粉，无水乙醇，溴化钾。

四、实验步骤

1. 可拆式液体样品池的制备

戴上指套，将可拆式液体样品池的两盐片从干燥器中取出后，在红外灯下用少许滑石粉混入几滴无水乙醇磨光其表面。用软纸擦净后，滴加无水乙醇 $1 \sim 2$ 滴，用镜头纸擦洗干净。反复数次，然后将盐片放于红外灯下烘干备用。

2. 液体样品的测试

在可拆式液体池的金属池板上垫上橡胶圈，在孔中央位置放一盐片，然后滴半滴液体试样于盐片上。将另一盐片平压在上面（注意，不能有气泡）再将另一金属片盖上，对角方向旋紧螺丝，将盐片夹紧在其中。把此液体池放于红外光谱仪的样品池处，进行扫谱。

3. 测试结束

扫谱结束后，取下样品池，松开螺丝，套上指套，小心取下盐片。先用软纸擦净液体，滴上无水乙醇，洗去样品（千万不能用水洗）。然后，再于红外灯下用滑石粉及无水乙醇进行抛光处理。最后，用无水乙醇将表面洗干净，擦干，烘干。将两盐片收入干燥器中保存。

4. 样品测定

用可拆式液体样品池将苯甲醛、肉桂醛、正丁醛、环己酮、苯乙酮等分别制成 $0.015 \sim 0.025$mm 厚的液膜，测出红外光谱。而二苯甲酮为固体，可用 KBr 压片法测其红外光谱。

五、数据记录与处理

1. 确定各化合物的羰基吸收频率，根据各化合物的光谱写出它们的结构。

2. 根据苯甲醛的光谱，指出在 3000cm^{-1} 左右及 $675 \sim 750$cm^{-1} 之间所得到的主要谱带，简述分子中的键或基团构成这些谱带的原因。

3. 根据环己酮光谱，指出在 2900cm^{-1} 和 1460cm^{-1} 附近的主要谱带。

六、问题与讨论

1. 液体样品测定红外光谱图时应注意什么问题？

2. 影响基团振动频率的因素有哪些？

实验十九　玻璃电极响应斜率和溶液 pH 值的测定

一、实验目的

1. 掌握用玻璃电极测量溶液 pH 值的基本原理和测量技术。

2. 学会怎样测定玻璃电极的响应斜率，加深对玻璃电极响应特性的了解。

二、实验原理

以玻璃电极作指示电极，饱和甘汞电极作参比电极，插入待测溶液中组成原电池：

Ag｜AgCl｜0.1mol/L HCl｜玻璃膜｜试液‖饱和 KCl｜Hg$_2$Cl$_2$｜Hg

在一定条件下，测得电池的电动势 E 和 pH 呈直线关系：

$$E = K + \frac{2.303RT}{F} \text{pH} \tag{1}$$

常数项 K 取决于内外参比电极电位、电极的不对称电位和液体接界电位，因此无法准确测量 K 值，实际上测量 pH 值是采用相对方法：

$$\text{pH}_x = \frac{F}{2.303RT}(E_x - E_s) + \text{pH}_s \tag{2}$$

玻璃电极的响应斜率 $\frac{2.303RT}{F}$ 与温度有关，在一定的温度下应该是定值，25℃ 时玻璃电极的理论响应斜率为 0.0592。但是玻璃电极的实际响应斜率与理论响应斜率往往有偏差，因此在进行精密测量时，需要用"两点标定法"来校正斜率。

常用的标准缓冲溶液有 0.01mol/L 硼砂、0.025mol/L KH$_2$PO$_4$-Na$_2$HPO$_4$ 和 0.05mol/L 邻苯二甲酸氢钾。它们在不同温度下的标准 pH 列于表 1。

表 1　标准缓冲溶液于 0～40℃ 的 pH 值

温度 $T/℃$	缓冲溶液		
	邻苯二甲酸氢盐缓冲溶液 $(0.05mol/L\ KHC_8H_4O_4)$ 标 1	磷酸盐标准缓冲溶液 $(0.025mol/L\ KH_2PO_4\text{-}Na_2HPO_4)$ 标 2	硼酸盐标准缓冲溶液 $(0.01mol/L\ Na_2B_4O_7\cdot10H_2O)$ 标 3
0	4.01	6.98	9.46
5	4.00	6.95	9.39
10	4.00	6.92	9.33
15	4.00	6.90	9.28
20	4.00	6.88	9.23
25	4.00	6.86	9.18
30	4.01	6.85	9.14
35	4.02	6.84	9.10
40	4.03	6.84	9.07

三、仪器与试剂

1. 仪器

pHS-3G 型酸度计（或 pHS-3E 酸度计，如图 1 所示），容量瓶（250mL、3 个），烧杯（25mL、5 个），胶头滴管 4 个。

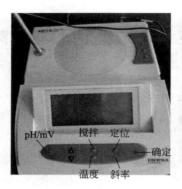

图 1　pHS-3G 酸度计及相关命令键

2. 试剂

0.05mol/L 邻苯二甲酸氢钾标准缓冲溶液（KHP，标 1），0.025mol/L KH_2PO_4-Na_2HPO_4 标准缓冲溶液（PBS，标 2），0.01mol/L 硼酸盐（硼砂）标准缓冲溶液（标 3），待测液即未知 pH 试液（蒸馏水、自来水、泰山西湖水、工业排放水、碳酸饮料等）。

四、实验步骤

1. 实验前准备

① 安装好多功能电极架。

② 将 pH 复合电极安装在电极架上。检查 pH 复合电极管内饱和 KCl 溶液是否低于注液孔，保护帽内 3mol/L KCl 溶液是否浸润玻璃泡，如果否的话，需要在使用前 24h 将溶液加足。

③ 使用前注意将电极下端的电极保护套拔下，并且向上推保护套的上端，使玻璃泡充

分暴露，并用蒸馏水充分清洗电极。

2. 实验内容

（1）一点标定法测量溶液 pH 值

这种方法适合于一般要求，即待测溶液的 pH 值与标准缓冲溶液 pH 值之差小于 3 个 pH 单位的溶液 pH 值的测量。

① 粗测：撕下一张 pH 广泛试纸，用玻璃棒蘸取一滴未知液，点到试纸上，跟比色卡进行比对，判断未知溶液的性质，选择与其 pH 接近的缓冲溶液来定位。

② 定位：开机→调节当前室内温度→旋下电极帽→从不同方向水洗 3 次→轻轻振荡使玻璃泡上残留水珠滴落，或用吸水纸在栅栏的底端将残留水珠吸干（操作时洗瓶或胶头滴管不要碰触玻璃泡，至少离玻璃泡 1cm 远）→用胶头滴管移取选择好的标液从不同方向润洗 2 次→电极浸入标液（保证玻璃泡在液面以下）→"mV/pH"功能键切换到 pH 状态→按"定位"按钮，液晶界面显示"定位"→按"确定"键，"定位"两个字在界面显示上消失，表明定位成功。

③ 测量：将电极从标液中取出，用去离子水从不同方向淋洗 2～3 次，再用待测液从不同方向润洗 2 次，浸入待测液中，5s 后记录下液晶界面显示的 pH 值。

④ 收尾：如果测试已完毕，将电极从待测液中取出，用去离子水从不同方向淋洗 2～3 次，轻轻振荡使玻璃泡上残留水珠滴落，或用吸水纸在栅栏的底端将残留水珠吸干。将电极保护帽上半部分下旋，并上旋带有保护液的保护帽，关机。将实验用品摆放归位，实验台擦拭干净，实验结束。

（2）二点标定法测量溶液 pH 值

为了获得高准确度的 pH 值，通常用两个标准 pH 缓冲液对仪器进行定位校正，并要求待测试液的 pH 值尽可能落在这两个标准溶液的 pH 值之间。

① 定位：根据粗测的结果选定 2 种标液，假设待测液为酸性，应将电极先插入 pH＝6.86（25℃）的标 2 中，按"定位"按钮至仪器显示该标准缓冲液的 pH 值。用水清洗电极后再用待浸入液润洗，将电极置入标 1 中（若试样为碱性，依次选择标 3 和标 2 两种溶液）中，按"斜率"命令键，使仪器显示该标准缓冲液的 pH 值。

② 测量：将电极置于待测试液中，测其 pH 值，并记录数据。

（3）测定玻璃电极的实际响应斜率

① 淋洗电极。用去离子水淋洗电极杆一次后，再用去离子水从玻璃泡保护栅栏的不同空隙淋洗 2～3 次，即从不同方向进行淋洗，注意洗瓶或胶头滴管离玻璃泡至少 1cm 远，不能碰触玻璃泡。轻轻振荡电极，使残留水珠滴落，或用吸水纸在栅栏的底端将残留水珠吸干。

② 测标 3 电动势。用标 3 润洗玻璃泡 2 次，浸入标 3 溶液（玻璃泡完全在液面以下），等待 5s 即可读出显示屏上标 3 的电动势值，并记录。

③ 测标 2 和标 1 电动势。从标 3 取出 pH 复合电极，先用去离子水淋洗 2～3 次，再用待浸入液标 2 进行润洗 2 次，电极浸入标 2，同上操作，记录标 2 的电动势值。标 1 电动势检测操作与上相同。

④ 收尾。如果测试已完毕，将电极从待测液中取出，用去离子水从不同方向淋洗 2～3 次，轻轻振荡使玻璃泡上残留水珠滴落，或用吸水纸在栅栏的底端将残留水珠吸干。将电极保护帽上半部分下旋，并上旋带有 3mol/L KCl 保护液的保护帽，关机。将实验用品摆放归

位，实验台擦拭干净，实验结束。

3. 实验过程中注意事项

① pH 玻璃复合电极在使用前，至少需提前 24h 进行检查和活化，玻璃泡必须在 3mol/L KCl 溶液中浸泡 24h 以上，保护帽内有约 1/2～2/3 的 3mol/L KCl 溶液，使玻璃泡保持在液面下。从注液孔加满饱和 KCl 溶液，检查电极腔内是否有气泡存在，若有，应轻轻振荡排除掉气泡。

② 保护帽分两部分，下半部分装有 3mol/L KCl 溶液，旋下来，放到实验台的二层架子上（有 KCl 结晶析出的情况下，可先用去离子水冲洗后再旋）；上半部分即盖子可以留在电极上，上移，充分露出玻璃泡，即可正常实验。

③ 玻璃电极的敏感膜非常薄，易于破碎损坏，因此使用时应注意勿与硬物碰撞，用去离子水清洗以及用待浸入液润洗时，注意要离玻璃泡至少 1cm 远，不得碰触。玻璃泡上所沾附的水，可以轻轻振荡或用吸水纸在栅栏的底端轻轻拭去，不得擦拭，不得碰触玻璃泡。

④ 水洗和润洗：用去离子水水洗，先要冲洗 pH 复合电极杆 1 次，再冲洗玻璃泡 2～3次，要从玻璃泡保护栅栏的不同空隙处进行操作，消除上一次溶液的影响。再用待浸入液对玻璃泡从不同方向进行润洗 2 次，使其表面与待浸入液浓度相同。

⑤ pH 复合电极在使用时，注液孔的橡胶帽应打开，使用完毕后，需先用去离子水充分淋洗玻璃泡，将水珠轻轻振落或拭去，再盖上电极的保护帽和橡胶帽。

⑥ 不能用浓硫酸、铬酸洗液、浓酒精洗涤玻璃电极，否则会使电极表面脱水而失去功能。

⑦ 玻璃电极经长期使用后，会逐渐降低活性及失去 H^+ 的响应，称为"老化"。当电极响应斜率低于 52mV/pH 时，就不宜再使用。

五、数据记录与处理

1. 列表记录一点标定法测得的未知溶液 pH 值结果，内容包括：粗测结果为酸性、中性或碱性（报告未知液大约 pH 值也可以），选定的标液和用 pH 计测得的结果。

2. 以表 2 标准缓冲溶液在当前室内温度对应的 pH 值为横坐标，pH 计测得的"mV"读数为纵坐标，用 Excel（搜索：Excel 2013 怎样做出线性方程）或 Orgin 软件作图，从线性回归方程的斜率得到玻璃电极的响应斜率，判断该电极的性能。

判断方法：室温 298K 时，电极实际响应斜率的绝对值≥52mV/pH 时，可以继续使用；如果＜52mV/pH，则不宜再使用。

表 2　标准缓冲溶液"mV"测量记录表

溶液序号	pH（20℃）	pH（15℃）	电极 电位计读数/mV
标 3	9.23	9.28	
标 2	6.88	6.90	
标 1	4.00	4.00	

3. 列表记录两点标定法选定的标液和测得的未知溶液 pH 值。

六、问题与讨论

1. pH 酸度计在测定未知溶液 pH 前，为什么需要选用某一标准 pH 缓冲溶液进行定位？

2. 测 pH 玻璃电极实际响应斜率时，需要测 pH 复合电极在三种标液中的电动势，测量的时候，为什么要按从标 3、标 2 到标 1 的顺序来测？

3. 使用 pH 复合电极时，应注意哪些事项？

实验二十　单扫描示波极谱法测定铅和镉

一、实验目的

1. 掌握单扫描极谱法的原理。

2. 掌握极谱分析的定量方法。

3. 学习用单扫描极谱法测定铅和镉。

二、实验原理

单扫描极谱法是在一个汞滴生命的最后 2s，即当汞滴的面积基本保持恒定时，给滴汞电极施加一个随时间变化的线性电压，同时用示波器观察电流随电位的变化，电流随电位变化的 $I\text{-}E$ 曲线直接从示波管荧光屏上显示出来。由于单扫描极谱加在滴汞电极上的电压变化速度快，电极附近待测物的浓度急剧降低，扩散层厚度随之逐渐增大，溶液主体中的可还原物质又来不及扩散到电极上，因此峰电流急剧下降，出现了平滑的尖峰。

在一定的实验条件下，峰电流与被测物质的浓度成正比，即 $I_p = Kc$，这是单扫描极谱法定量研究的理论依据。

铅和镉等重金属元素对于人和动物的许多器官都有严重的毒副作用，因此目前 Pb^{2+} 和 Cd^{2+} 的检测是水质研究中的热门问题之一。工业废水中 Pb^{2+} 和 Cd^{2+} 排放浓度分别不能超过 1.0mg/L 和 0.1mg/L。

三、仪器与试剂

1. 仪器

JP-2A 型或 JP-1A 示波极谱仪。

2. 试剂

1.0×10^{-3} mol/L Pb^{2+} 标准溶液，用分析纯试剂 $Pb(NO_3)_2$ 配制。

1.0×10^{-3} mol/L Cd^{2+} 标准溶液，用分析纯试剂 $Cd(NO_3)_2$ 配制。

4mol/L 盐酸，5g/L 明胶溶液。

四、实验步骤

准确吸取用滤纸过滤的含 Pb^{2+} 和 Cd^{2+} 水样 25.00mL 于 50mL 容量瓶中，加入 15.00mL 4mol/L 盐酸溶液，1.00mL 5g/L 明胶溶液。用蒸馏水稀释至刻度，备用。

吸取上述溶液 5.00mL 于 10.00mL 小烧杯中，以 −0.3V 为起始电位于示波极谱仪上测量铅和镉的阴极导数极谱波，从极谱图上读出 Pb^{2+} 和 Cd^{2+} 相对应的波高。

在上述测量溶液中，分别加入 1.0×10^{-3} mol/L Pb^{2+} 和 Cd^{2+} 的标准溶液各 0.15mL，搅匀后同上述操作，测量 Pb^{2+} 和 Cd^{2+} 对应的波高。

五、数据记录与处理

根据标准加入法公式：$c_x = \dfrac{c_s V_s h}{(V_x + V_s) H - h V_x}$ 计算水中铅和镉的浓度。

式中，c_x 为被测物质在试液中的浓度；V_x 为试液的体积；c_s 为加入标准溶液的浓度；V_s 为加入标准溶液的体积；h 和 H 分别为加入标准溶液前后的峰高。

1. 比较单扫描极谱法和经典极谱法的异同点。
2. 单扫描极谱法在测定中为什么不需要除氧？

实验二十一　电位滴定法测定醋酸的浓度和离解常数

一、实验目的

1. 掌握用电位滴定法测定醋酸浓度的原理和方法。
2. 学习测定弱酸离解常数的方法。
3. 掌握电位滴定数据处理的方法。

二、实验原理

醋酸（HAc）是一种弱酸，当以标准碱溶液滴定醋酸试液时，在化学计量点附近可以观察到 pH 值的突跃。

以玻璃电极作指示电极、饱和甘汞电极作参比电极，插入待测溶液中组成电池，可用酸度计测量该电池的电动势，并以溶液的 pH 值表示出来。在酸碱滴定过程中，随着滴定剂的不断加入，被测物与滴定剂发生反应，溶液的 pH 值不断变化。由加入滴定剂的体积和测得的相应溶液的 pH 值，可绘制 pH-V、$\Delta pH/\Delta V$-V、$\Delta^2 pH/\Delta V^2$ 曲线，由曲线确定滴定的终点。

以 NaOH 标准溶液滴定 HAc 时，反应方程式为

$$HAc + OH^- \Longrightarrow Ac^- + H_2O$$

当 HAc 被 NaOH 滴定了一半时，溶液中 $[HAc] = [Ac^-]$。

由于 HAc 在水溶液中的离解常数 K_a 为

$$K_a = \frac{[H^+][Ac^-]}{[HAc]} \tag{1}$$

因此，当 HAc 被滴定 50% 时溶液的 pH 值等于其 pK_a，即

$$K_a = [H^+] \text{或} pK_a = pH \tag{2}$$

可由滴定曲线上查出 $\frac{1}{2}V_{ep}$ 所对应的 pH 值，即可求得醋酸的 pK_a。

三、仪器与试剂

1. 仪器

ZD-2 型自动电位滴定仪或酸度计，231 型玻璃电极，232 型饱和甘汞电极，100mL 烧杯，10mL 刻度移液管，20mL 滴定管。

2. 试剂

0.10mol/L NaOH 溶液（用基准邻苯二甲酸氢钾对其进行标定），醋酸试液（0.1mol/L），0.05mol/L KH_2PO_4-0.05mol/L Na_2HPO_4 标准缓冲溶液（20℃，pH = 6.88），0.05mol/L 邻苯二甲酸氢钾标准缓冲溶液（20℃，pH=4.00）。

四、实验步骤

按照仪器使用方法调试仪器，选择开关置于 pH 滴定档。摘去饱和甘汞电极的橡皮帽，检查内电极是否浸入饱和 KCl 溶液。如未浸入，应补充饱和 KCl 溶液。将玻璃电极和甘汞电极与仪器相连并安装在电极架上，使饱和甘汞电极稍低于玻璃电极，以防止碰坏玻璃电极

薄膜。

将 pH＝4.00（20℃）的标准缓冲溶液置于 100mL 小烧杯中，放入搅拌磁子，并使两支电极浸入标准缓冲溶液中，开动搅拌器，停止搅拌 1min 后进行酸度计位，再以 pH＝6.88（20℃）的标准缓冲溶液调校斜率，应使所显示 pH 值与测量温度下的缓冲溶液的标准值 pH，偏差在 ±0.05 单位之内。

吸取醋酸试液 10.00mL 于 100mL 烧杯中，加水约 30mL，加入酚酞指示剂 1 滴（用于观察指示剂变色时溶液 pH 值的突跃情况），放入搅拌磁子，插入电极。打开磁力搅拌器，待显示 pH 值稳定后记下试液的 pH 值。将标准 NaOH 溶液装入滴定管，开始滴定。先粗测一次，每加入 1mL NaOH 溶液，记录一次 pH 值，即测量在加入 NaOH 溶液 0mL、1mL、2mL、3mL、…、8mL、9mL、10mL 时各点的 pH 值。初步判断发生 pH 值突跃时所需 NaOH 的体积范围。然后再按上述操作方法进行细测，即在化学计量点附近每滴入 0.1mL NaOH 溶液，记录一次 pH 值，以增加测量点的密度。每次滴入的 NaOH 的体积不要求十分严格，但必须按实际加入的体积记录相应的数据，体积应读准至 ±0.01mL。超过化学计量点后，每加入 1mL 标准 NaOH 读一次 pH 值，直至 pH 达到 12.00 左右停止滴定。

用温度计测量试液的温度。

五、数据记录与处理

1. 实验数据记录于表 1 和表 2 中。

表 1　粗测实验数据纪录表

V_{NaOH}/mL	0	1	2	3	4	5	6	7	8	9	10
pH 值											

表 2　细测实验数据纪录表　　　　　　　　　　温度 $T=$ ____ ℃

V_{NaOH}/mL	
pH 值	
$\Delta pH/\Delta V$	
$\Delta^2 pH/\Delta V^2$	

2. 绘制 pH-V、$\Delta pH/\Delta V$-V 和 $\Delta^2 pH/\Delta V^2$ 曲线，找出终点体积 V_{ep}。

pH-V 曲线绘制方法：以加入滴定剂的体积 V 为横坐标，测得的 pH 值为纵坐标作图，得到 pH-V 曲线。在阶梯形的滴定曲线上，具有最大斜率的转折点即为滴定反应的化学计量点。这时滴定曲线陡峭上升部分的中点即为滴定终点，所对应的体积即为终点体积 V_{ep}。

$\Delta pH/\Delta V$-V 曲线绘制方法：如果 pH-V 曲线突跃不明显，可以绘制用 $\Delta pH/\Delta V$ 对 V 的一阶导数曲线，得一峰型曲线，峰尖对应的体积 V 即为滴定终点的体积 V_{ep}。曲线的横坐标 V 是相邻两次滴定剂体积的平均值。纵坐标 $\Delta pH/\Delta V$ 是相邻两次测得 pH 之差 ΔpH 与相应的两次滴定剂体积差的比值。

$\Delta^2 pH/\Delta V^2$-V 曲线绘制方法：该方法又称为二阶导数法，以 $\Delta^2 pH/\Delta V^2$ 对 V 作图。$\Delta^2 pH/\Delta V^2$ 由相邻两次 $\Delta pH/\Delta V$ 求出，其对应的 V 是两次 $\Delta pH/\Delta V$ 对应的 V 值的平均值。$\Delta^2 pH/\Delta V^2=0$ 处所对应的体积为滴定终点的体积 V_{ep}。在实际工作中，只需要根据化学计量点附近的数据求出 $\Delta^2 pH/\Delta V^2$ 改变正负号前后的数值，即可求出滴定终点所消耗标准液的体积 V_{ep}。

3. 根据 V_{ep}，计算试液中醋酸的浓度，分别以 mol/L 和 g/L 表示。

4. 在 pH-V 曲线上查出体积相当于 $\frac{1}{2}V_{ep}$ 时的 pH 值，即为该温度下醋酸的 pK_a。

六、问题与讨论

1. 电位滴定法与指示剂法比较，具有哪些优点？

2. 在滴定过程中，酚酞指示剂变色点是否在 pH 值突跃范围之内？

实验二十二 库仑滴定法测定砷的含量

一、实验目的

1. 理解库仑滴定法和永停法指示终点的基本原理。

2. 掌握库仑滴定的基本操作技术。

3. 学会库仑滴定法测定砷的实验方法。

二、实验原理

砷是一种重要的环境污染物，对人体健康危害十分严重，因此，对砷的测定具有非常重要的意义。本实验的原理是在弱碱性条件下，AsO_3^{3-} 与恒电流电解 KI 产生的 I_2 反应，工作电极上发生下列电化学反应：

$$2H_2O+2e^- \Longrightarrow H_2\uparrow + 2OH^-（阴极）$$

$$3I^- -2e^- \Longrightarrow I_3^-（阳极）$$

工作阴极置于隔离室内，隔离室底部有一微孔玻璃砂，以保持隔离室内外电路通畅，还可以避免阴极产生的 H_2 返回阳极而干扰 I_2 的产生。阳极产生的 I_2 立即与 AsO 发生反应：

$$I_3^- +AsO_3^{3-}+H_2O \Longrightarrow AsO_4^{3-}+2H^+ +3I^-$$

为了使电流效率达 100%，要求电解液的 pH 值小于 9，要使三价砷完全氧化到五价砷，电解液的 pH 值又要大于 7。为此，本实验用 $NaHCO_3$ 调节电解液的酸度，以满足测定所需。

滴定终点用永停终点法来指示，在指示电极的双铂片上加一个较低的电压，终点前，由于溶液中没有过量的碘存在，阴极处于理想化状态，通过的电流很小，终点后，溶液中有了过量的碘，指示电极上便发生下列反应：

阳极：$\qquad\qquad\qquad 3I^- \longrightarrow I_3^- +2e^-$

阴极：$\qquad\qquad\qquad I_3^- +2e^- \longrightarrow 3I^-$

此时，指示电极的电流突然增大，指示到达终点。

三、仪器与试剂

1. 仪器

KLT-1 型通用库仑仪，库仑池，电磁搅拌器，聚四氟乙烯搅拌磁子，台秤，量筒。

2. 试剂

碘化钾，碳酸氢钠，亚砷酸溶液（浓度约 5×10^{-3} mol/L），浓硝酸。

四、实验步骤

1. 清洗电极

将铂电极浸入浓硝酸中，几分钟后取出，用二次水洗净。

2. 调节仪器，连接导线

将所有按键全部弹起，打开电源。将"量程选择"旋钮置于 10mA，"补偿极化电位"调至长针指向 4 左右，"工作/停止"开关置于"工作"状态，按下"电流"和"上升"键，再同时按下"极化电位"和"启动"键，微安表的示数应小于 20μA，如果较大，调节"补偿极化电位"旋钮，使其达到要求。预热 30min。

电解阳极导线（红色）接库仑池的双铂片电极，阴极导线（黑色）接铂丝电极，将"工作/停止"开关置于"停止"状态，指示电极两个夹子分别接在指示线路的两个独立的铂片电极上。

3. 电解液的配制

用台秤粗略称取 5.4g KI、0.1g $NaHCO_3$，置于库仑池中，加去离子水约 60mL，搅拌至完全溶解。用胶头滴管吸取少量电解液注入铂丝电极的隔离管内，并使液面高于库仑池的液面。

4. 定量测定

准确移取 1.00mL 澄清试液于库仑池中，搅拌均匀，在不断搅拌下重新按下启动键，将"停止/工作"开关置于"工作"状态，按一下"电解"开关，进行电解滴定，电解到终点时指示灯亮，电解自动停止，记录库仑仪的示数，单位为毫库仑。将"工作/停止"开关置于"停止"状态，弹起"启动"键，显示数字自动回零。重复实验 2～3 次，每次测定前须首先加入 1.00mL 试液，不必更换电解液，也不必清洗电极。

5. 复原仪器

将所有按键弹起，关闭电源，洗净库仑池，存放备用。

五、数据记录与处理

实验数据记录于表 1 中。

表 1 实验数据记录表

平行实验	1	2	3	4
V_s/mL				
Q/mC				
[As]/(mg/L)				
相对偏差				
平均[As]/(mg/L)				

计算公式为：

$$[As] = \frac{A_{rAs}Q}{2FV_s} \times 10^3$$

式中，[As] 为 As 的浓度，mg/L；A_{rAs} 为 As 的原子量；Q 为电解消耗的电量，mC；F 为法拉第常数，$F = 96485C/mol$；V_s 为加入试液的体积，mL。

六、问题与讨论

1. 分别写出电解反应、滴定反应和终点指示电极上的电极反应。
2. 配制电解液的过程中，为什么要加入 $NaHCO_3$？
3. 该滴定反应能否在酸性介质中进行？

4. 若 KI 被空气氧化，对于测定结果什么影响？如何消除这种影响？

5. 在重复测定时，为什么不必更换电解液，也不必清洗电极？

实验二十三　库仑滴定法测定维生素 C 的含量

一、实验目的

1. 理解库仑滴定法和永停法指示终点的基本原理。

2. 掌握库仑滴定的基本操作技术。

3. 学会库仑滴定法测定维生素 C 的实验方法。

二、实验原理

维生素 C 又称丙种维生素，用于预防和治疗维生素缺乏病，因此又称为抗坏血酸，分子式为 $C_6H_8O_6$，分子量为 176.13。由于其分子中的烯二醇基具有还原性，能被 I_2 定量地氧化为二酮基，故可用直接碘量法测定其含量，反应如下：

本实验采用 KI 为支持电解质，在酸性环境下恒电流电解，电解的阳极上发生氧化反应：$3I^- - 2e^- \rightleftharpoons I_3^-$，电解的阴极上发生还原反应：$2H_2O + 2e^- \rightleftharpoons H_2\uparrow + 2OH^-$。

阳极所生成的 I_2 和溶液中的 V_C 发生氧化还原反应。滴定终点用永停终点法来指示，在指示电极的两个铂片电极上加一个较低的电压（如 50mV），在化学计量点以前，由于溶液中只存在 V_C、V_C' 和 I^-，而 V_C/V_C' 是一对不可逆电对，在指示电极上较小的极化电压下不发生电极反应，所以指示回路上电流几乎为零；但当溶液中 V_C 完全反应后，稍过量的 I_2 使溶液中有了可逆电对 I_2/I^-。I_2/I^- 电对在指示电极上发生反应，指示回路上电流升高，指示终点到达。记录电解过程中所消耗的电量，按法拉第定律关系，就可算出产生 I_2 的物质的量，根据 I_2 与 V_C 反应的计量关系，就可以求出 V_C 的含量。

维生素 C 的还原性很强，在空气中极易被氧化，尤其在碱性介质中更甚，因此在测定时要加入稀盐酸以便减少副反应。

三、仪器与试剂

1. 仪器

KLT-1 型通用库仑仪，库仑池，电磁搅拌器，万分之一电子天平，台秤，聚四氟乙烯搅拌磁子，量筒，棕色容量瓶（50mL），烧杯。

2. 试剂

盐酸（0.1mol/L），氯化钠（0.1mol/L），碘化钾（2mol/L），浓硝酸，市售维生素 C 药片。

四、实验步骤

1. 清洗电极

将铂电极浸入浓硝酸中，几分钟后取出，用二次水洗净。

2. 调节仪器，连接导线

将所有按键全部弹起，打开电源。将"量程选择"旋钮置于 10mA，"补偿极化电位"调节至长针指向 4 左右，"工作/停止"开关置于"工作"状态，按下"电流"和"上升"键，再同时按下"极化电位"和"启动"键，微安表的示数应小于 20μA，如果较大，调节"补偿极化电位"旋钮，使其达到要求。预热 30min。

电解阳极导线（红色）接库仑池的双铂片电极，阴极导线（黑色）接铂丝电极，将"工作/停止"开关置于"停止"状态，指示电极两个夹子分别接在指示线路的两个独立的铂片电极上。

3. 试液的配制

取市售维生素 C 一片，准确称重，用 5mL 0.1mol/L HCl 溶解，定量转移至 50mL 棕色容量瓶中，用 0.1mol/L NaCl 溶液清洗烧杯，并用之稀释至刻度，摇匀，放置至澄清，备用。

4. 电解液的配制

取 5mL 2mol/L KI 溶液和 10mL 0.1mol/L HCl 溶液置于库仑池中，用二次蒸馏水稀释至约 60mL，置于电磁搅拌器上搅拌均匀。用胶头滴管吸取少量电解液注入铂丝电极的隔离管内，并使液面高于库仑池的液面。

5. 校正终点

滴入数滴维生素 C 试液于库仑池内，启动电磁搅拌器，按下"启动"键，将"工作/停止"开关置于"工作"状态，按一下"电解"开关，终点指示灯灭，电解开始。电解到终点时指示灯亮，电解自动停止，不必记录库仑仪的示数，将"工作/停止"开关置于"停止"状态，弹起"启动"键，显示数码自动回零。

6. 定量测定

准确移取 0.50mL 澄清试液于库仑池中，搅拌均匀，在不断搅拌下进行电解滴定，电解到终点时指示灯亮，记录库仑仪示数，单位为毫库仑。重复实验 2～3 次。

7. 复原仪器

将所有按键弹起，关闭电源，洗净库仑池，存放备用。

五、结果记录与处理

实验数据记录于表 1 中。

表 1　实验数据记录表

$m_s =$ _____ mg

平行实验	1	2	3	4
V_s/mL				
Q/mC				
w/%				
相对偏差				
平均 w/%				

计算公式为：

$$w = \frac{M_r Q}{2Fm_s} \times \frac{50.00}{0.50} \times 100\%$$

式中，w 为维生素 C 药片中维生素 C 的质量分数，%；M_r 为维生素 C 的分子量；Q 为电解消耗的电量，mC；F 为法拉第常数，$F = 96485\text{C/mol}$；m_s 为维生素 C 药片的质量，mg。

六、问题与讨论

1. 库仑滴定的前提条件是什么？
2. 配制维生素 C 试液的过程中，为什么要加入 HCl？
3. 为什么要进行终点校正？
4. 该滴定反应能否在碱性介质中进行？

实验二十四　水中 Ca^{2+}、Mg^{2+} 的连续滴定——电位滴定法

一、实验目的

1. 理解电位滴定法测定水样中 Ca^{2+}、Mg^{2+} 的原理。
2. 学会电位滴定仪的使用方法。
3. 掌握电位滴定法测定水样中 Ca^{2+}、Mg^{2+} 的方法。

二、实验原理

电位滴定法是在滴定过程中通过测量电位变化以确定滴定终点的方法，和直接电位法相比，电位滴定法不需要准确测量电极电位值，因此，温度、液体接界电位的影响并不重要，其准确度优于直接电位法，普通滴定法是依靠指示剂颜色变化来指示滴定终点，如果待测溶液有颜色或浑浊时，终点的指示就比较困难，或者根本找不到合适的指示剂。电位滴定法是靠电极电位的突跃来指示滴定终点。在滴定到达终点前后，滴液中的待测离子浓度往往连续变化 n 个数量级，引起电位的突跃，被测成分的含量仍然通过消耗滴定剂的量来计算。

使用不同的指示电极，电位滴定法可以进行酸碱滴定、氧化还原滴定、配位滴定和沉淀滴定。酸碱滴定时使用 pH 玻璃电极为指示电极；在氧化还原滴定中，可以用铂电极作指示电极；在配位滴定中，若用 EDTA 作滴定剂，可以用汞电极作指示电极；在沉淀滴定中，若用硝酸银滴定卤素离子，可以用银电极作指示电极。在滴定过程中，随着滴定剂的不断加入，电极电位 φ 不断发生变化，电极电位发生突跃时，说明滴定到达终点。用微分曲线比普通滴定曲线更容易确定滴定终点。

如果使用自动电位滴定仪，在滴定过程中可以自动绘出滴定曲线、自动找出滴定终点、自动给出体积，滴定快捷方便。

水的总硬度的测定即水中钙镁总量的测定，水硬度是表示水质的一个重要指标，对人们生活用水和工业用水关系很大，水的硬度过低或过高都不利于人体健康和工业生产。水中钙镁含量的测定方法主要有 EDTA 配位滴定法、电位滴定法、离子选择性电极法、原子吸收法、离子色谱法、电感耦合等离子体发射光谱法等。本文提出在乙酰丙酮的 Tris 缓冲溶液的条件下，以钙离子选择性电极为指示电极，EDTA 为滴定剂，自动电位滴定法直接连续滴定水中钙镁离子。

EDTA 滴定 Ca^{2+}、Mg^{2+} 混合溶液时，可分别得到钙/镁的滴定终点。乙酰丙酮（HAA）为一元弱酸，在水溶液中的 $pK_a = 8.9$，与 Mg^{2+} 配位的各级平衡常数为 $\lg K_1 =$

3.54、$\lg K_2 = 2.41$。乙酰丙酮在 pH 为 10.0 时的酸效应常数 $\lg \alpha_H$ 为 0.03，而 Mg^{2+} 与 ED-TA 配位的平衡常数 $\lg K$ 为 8.7。滴定开始时，Mg^{2+} 首先与 HAA 配位生成 $Mg(AA)_2$，当加入 EDTA 时，Ca^{2+} 首先与 EDTA 反应，当 Ca^{2+} 反应完时，出现第一个电位突跃点（E_{p1}）；继续添加 EDTA，由于 MgEDTA 的配位平衡常数比 $Mg(AA)_2$ 的配位平衡常数大，则 EDTA 将与 $Mg(AA)_2$ 中的 Mg^{2+} 反应，当 $Mg(AA)_2$ 中的 Mg^{2+} 被反应完时，将出现第二个电位突跃点。第一个电位突跃点（E_{p1}）对应的是钙的含量，第二个电位突跃点（E_{p2}）与第一个电位突跃点（E_{p1}）的差值对应的是镁的含量，从而实现混合溶液中 Ca^{2+}、Mg^{2+} 的连续测定。

$$Mg^{2+} + 2HAA \longrightarrow Mg(AA)_2 + 2H^+$$
$$Ca^{2+} + EDTA \longrightarrow CaEDTA$$
$$Mg(AA)_2 + EDTA \longrightarrow MgEDTA + 2AA^-$$

在乙酰丙酮 Tris 介质中，一方面由于乙酰丙酮可掩蔽 Fe^{3+}、Al^{3+}、Cu^{2+} 等的干扰，另一方面由于辅助配位剂乙酰丙酮的 Tris 缓冲溶液可以掩蔽和解蔽 Mg^{2+}，使得滴定时可分别得到钙镁的两个滴定终点，从而实现混合溶液中 Ca^{2+}、Mg^{2+} 的连续测定。因此，本实验选用的 pH=10.00 的乙酰丙酮-Tris 缓冲体系作为滴定实验的反应介质。

三、仪器与试剂

1. 仪器

自动电位滴定仪（瑞士万通），钙离子选择性电极，Ag/AgCl 参比电极。

2. 试剂

0.020mol/L EDTA 标准溶液，辅助配位剂溶液，0.035mol/L 三羟基氨基甲烷（Tris）-0.055mol/L 乙酰丙酮（HAA）溶液。

四、实验步骤

接通自动电位滴定仪电源，预热。

准确量取 50.00mL 水样于 100mL 烧杯中，加入 20mL 辅助配位剂溶液，混匀。

按照仪器测定步骤将电极插入溶液中，连接自动电位滴定仪，开始用 EDTA 标准溶液滴定，仪器自动记录加入滴定剂过程中指示电极指示的不断变化的电位，并绘制 E-V 曲线，根据电位突跃最终确定滴定终点。

测定结束后，切断仪器电源，清洗电极和滴定管，用滤纸擦干银电极，放回电极盒。

五、数据记录与处理

1. 按表 1 记录数据与计算。

表 1 实验数据记录与处理表

V_{EDTA}/mL	E/mV	$\Delta E/mV$	$\Delta V/mL$	$\Delta E/\Delta V$	$\Delta^2 E/\Delta V^2$

2. 绘制 Ca^{2+}、Mg^{2+} 滴定曲线并计算水样中 Ca^{2+}、Mg^{2+} 的含量。

六、注意事项

1. 每次滴定结束，均需清洗电极。

2. 滴定过程中，接近计量点时，往往电位平衡比较慢，要注意读取平衡电位值。

七、问题与讨论

1. 本实验采用的新方法与传统的水样中 Ca^{2+}、Mg^{2+} 的滴定方法有什么区别？

2. 乙酰丙酮-Tris 缓冲溶液与氨性缓冲溶液相比有何优点？

3. 与传统指示剂法相比，电位滴定法确定中的优缺点分别是什么？

实验二十五　循环伏安法判断电极过程

一、实验目的

1. 理解循环伏安法的基本原理。

2. 掌握通过循环伏安法判断分析铁氰化钾在电极表面的可逆过程。

3. 掌握判断铁氰化钾在工作电极表面发生反应是否由扩散过程控制的方法。

4. 学会电化学工作站循环伏安法的使用及玻碳电极的抛光。

二、实验原理

循环伏安法（CV）是电分析化学最重要的研究方法，是电化学基础研究的最基本的方法，已被广泛地应用于化学、生命科学、能源科学、材料科学和环境科学等领域中相关体系的测试表征。通过循环伏安法可以研究以下内容：某一电活性物质在特定的电极表面，其发生氧化还原反应的可逆程度；药物电化学反应机理；电活性物质反应过程动力学参数；电活性物质在电极表面发生反应，是扩散过程控制还是吸附过程控制等更多的其他电化学信息。

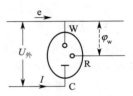

图 1　三电极体系及
测量电路工作原理

CV 法利用工作电极（working electrode，WE）、参比电极（reference electrode，RE）和铂丝对电极（counter electrode，CE，也常称为辅助电极）构成的三电极体系进行研究工作。因为参比电极上流过的电流几乎接近于零，所以 RE 的电极电位在 CV 实验中几乎不变，因此 WR 回路监测得到的是加在工作电极上的电极电位。电解电流 I 可从 WC 回路中测得，故可获得 I-E 伏安曲线。三电极体系及测量电路工作原理如图 1 所示。

循环伏安法采用直流电压随时间线性变化的扫描技术。对铁氰化钾 $K_3Fe(CN)_6$ 而言，如图 2 所示，开始扫描的起始电位为 0.6V，扫描速度为 0.1V/s，线性扫描到 -0.2V，再反方向扫描回到起始电位 0.6V，完成一个循环。

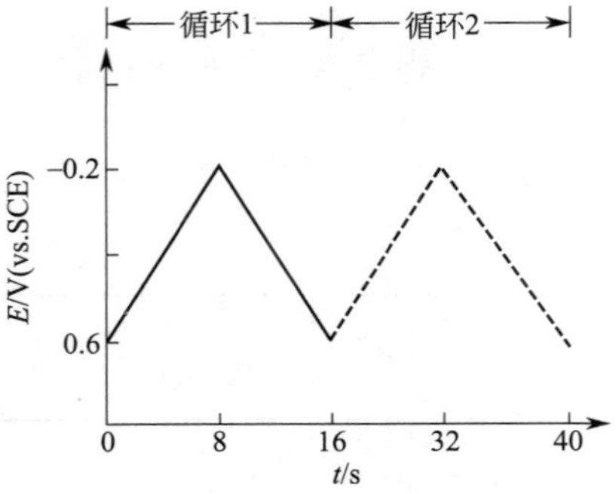

图 2　三角波扫描电压

对铁氰化钾 $K_3Fe(CN)_6$ 而言，当电极电位从起始电位 0.6V 扫描到终止电压 -0.2V 时，铁氰化钾被还原为亚铁氰化钾，电极反应从左向右进行：

$$K_3Fe(CN)_6 + e^- \longrightarrow K_4Fe(CN)_6$$

当反向回扫至起始电压时，亚铁氰化钾被氧化为铁氰化钾，上述反应的逆过程如下所示：

$$K_4Fe(CN)_6 - e^- \longrightarrow K_3Fe(CN)_6$$

对应的循环伏安图如图 3 所示，从图中可得到的几个重要参数是：氧化峰电流（I_{pa}）、还原峰电流（I_{pc}）、氧化峰电位（E_{pa}）和还原峰电位（E_{pc}）。

对可逆电极反应（即能够和工作电极迅速交换电子的氧化还原电对），两峰之间的电位差满足：

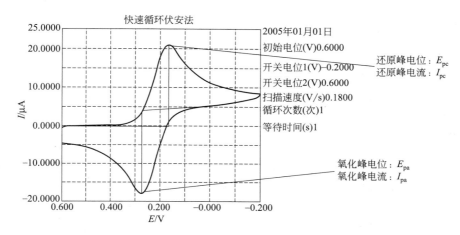

图 3　循环伏安图

(在 0.1mol/L KCl 电解质溶液中，1.0mmol/L $K_3Fe(CN)_6$ 在抛光处理后的玻碳工作电极上的还原氧化反应伏安曲线。扫描速度：0.1V/s)

$$\Delta E_p = E_{pa} - E_{pc} \approx \frac{0.059}{n} \tag{1}$$

氧化与还原峰电流（或阴阳极峰电流）满足 $\frac{I_{pa}}{I_{pc}} \approx 1$。

上述两式是判断电极反应是否是可逆体系的重要依据。

对由扩散所控制的可逆电极反应（即电子交换速率总大于溶液中电活性物质的扩散速率）时，其峰电流可由 Randle-Sevčik 方程表示为：

$$I_p = 2.69 \times 10^5 n^{3/2} A D^{1/2} \nu^{1/2} c \quad (25℃) \tag{2}$$

式中，I_p 为峰电流，A；n 为电子数；A 为电极面积，cm^2；D 为扩散系数，cm^2/s；c 为浓度，mol/L；ν 为扫描速率，V/s。

根据上式可知，I_p 随 $\nu^{1/2}$ 的增加而增加，并和浓度 c 成正比。

三、仪器与试剂

1. 仪器

天津兰立科电化学工作站，玻碳工作电极，铂丝或铂片辅助电极，饱和甘汞电极，电解池，计算机。

2. 试剂

KCl（分析纯），$K_3Fe(CN)_6$（分析纯），$K_3Fe(CN)_6$ 水溶液（1.0×10^{-3} mol/L，含 0.1mol/L KCl）。

四、实验步骤

1. 工作电极的预处理

① 将玻碳工作电极先后用粒度不同的 Al_2O_3 在抛光布上抛光为镜面，然后用去离子水超声清洗 2min。

② 检查饱和甘汞参比电极的内参比溶液（饱和 KCl 水溶液）的液面高度，要求内参比溶液与参比电极接通，同时观察并确保参比电极内没有气泡。

2. 开机准备

① 打开计算机的电源开关、电化学工作站主机的电源开关，将三支电极浸入到溶液 $K_3Fe(CN)_6$ 里，与电极线一一对应连接好。

② 在计算机桌面找到电化学工作站驱动软件，在"设置"菜单栏中找到"方法选择"，选择"快速循环伏安法"，即弹出"参数设定"对话框，根据实验需求设置各个参数。

③ $K_3Fe(CN)_6$ 发生电化学反应，参数设置如图 4。

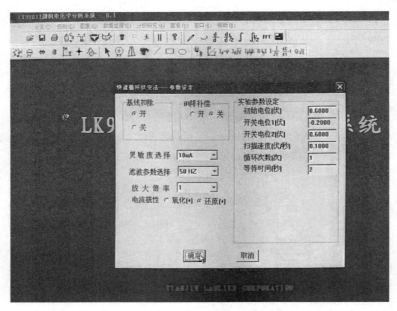

图 4 $K_3Fe(CN)_6$ 循环伏安实验的参数设置

3. 判断 $K_3Fe(CN)_6$ 玻碳工作电极表面反应的可逆情况

设置扫描速度为 0.1V/s，参数设置完毕后，按"确定"按钮，返回主菜单。点击开始按钮，开始实验。实验结束后，可按保存按钮进行存储。并在氧化或还原峰处，击鼠标右键，读取铁氰化钾 CV 曲线上的氧化峰电位、氧化峰电流、还原峰电位以及还原峰电流，并记录数据。

4. 改变扫描速率实验

在以上实验结束后的 $K_3Fe(CN)_6$ 溶液中，改变扫描速率，依次取 0.025、0.050、0.075、0.100、0.150 或其他 5 个从小到大的扫描速率（如 0.150、0.200、0.250、0.300 和 0.350），进行 CV 测试，保存 CV 测试结果，并记录各扫速下的氧化峰电流。

5. 实验完毕

关闭电源，将电极收好。

五、数据记录与处理

1. 计算 0.1V/s 的扫描速率下 I_{pa}/I_{pc} 和 ΔE_p 值，从实验结果说明 $K_3Fe(CN)_6$ 在玻碳电极表面电化学反应过程的可逆性。

2. 同一 $K_3Fe(CN)_6$ 浓度下，记录不同扫描速率下 $K_3Fe(CN)_6$ 溶液的 CV 数据于表 1 中，绘制 I_{pc}-$\lg v$ 关系曲线（I_{pc} 电流为纵坐标，$\lg v$ 为横坐标）。说明电流和扫描速率之间的关系是否成正比，根据二者之间的线性关系的斜率，判断在电极表面，$K_3Fe(CN)_6$ 发生电化学反应是由扩散控制还是吸附控制？

表 1　不同扫描速率下 $K_3Fe(CN)_6$ 溶液的 CV 数据记录

扫描速度/(V/s)	lg$v$	$I_{pc}/\mu A$
0.150		
0.200		
0.250		
0.300		
0.350		

六、注意事项

1. 工作电极表面必须抛光为镜面，否则会影响 $K_3Fe(CN)_6$ 在电极表面反应的可逆性。

2. 判断可逆性：峰电流之比是否接近 1 且峰电位差约为 59mV，$K_3Fe(CN)_6$ 在电极表面的电化学反应过程完全可逆；峰电位差大于 59mV，且氧化还原峰都存在，说明其在电极表面的反应为准可逆过程；若氧化与还原峰只有一个峰出现，则为不可逆过程。

3. 电极与电极线之间不能接错，否则会导致错误结果，甚至烧坏仪器。

4. 在进行 CV 测试中，不能移动电极，否则会影响仪器的使用寿命。

5. 氧化和还原电流有方向区分。人为规定：还原电流为正，氧化电流为负。正负只代表方向，不代表大小。

6. 改变扫描速率，获得的 I_{pc}-lg$v$ 的线性回归方程。根据方程斜率数值大小，判断铁氰化钾在玻碳电极表面发生反应，其过程是由扩散控制还是吸附控制（斜率值与 0.5 接近，主要为扩散；与 1 接近，主要为吸附）。

七、问题与讨论

1. 电位扫描范围，对测定结果有何影响？是否电位范围越大，测得的结果越好？

2. 获得 I-E 曲线，经典极谱用两电极体系，为什么现代的极谱法和伏安法用三电极体系？

3. 研究对象为 1mmol/L $K_3Fe(CN)_6$ 溶液，为什么要加入 KCl，KCl 浓度大小的确定有什么依据？

4. 0.1V/s 的扫描速率下，0.5mmol/L 铁氰化钾的氧化及还原峰电流的值为多少？计算依据是什么？

实验二十六　直接电导法测定不同水的纯度

一、实验目的

1. 理解电导分析法的基本原理。

2. 学会用电导法测定各种水的电导率并计算含盐量。

3. 掌握电导率仪的使用方法。

二、实验原理

电解质水溶液中的离子在电场作用下能产生定向移动，因此具有导电性，其导电能力的大小称为电导。在一定范围内，电解质溶液的浓度与其电导率的大小呈线性关系。所以，测量水的电导率即可知水中离子的总浓度，即水的纯度。

测量电导的方法，可用两个电极插入溶液中，测量两电极间的电阻 R，根据欧姆定律：

$$R = \rho \frac{L}{A} \tag{1}$$

式中，ρ 为电阻率；L 为两电极间距离；A 为电极面积。

R 的倒数为电导 G，ρ 的倒数为电导率，以 κ 表示。当电极确定时，电极面积 A 与间距 L 都是固定不变的，故 L/A 是一个常数，称为电导池常数 θ。

$$G = \frac{1}{R} = \frac{\kappa}{\theta} \tag{2}$$

电导池常数 θ 可通过测量已知电导率的 KCl 标准溶液的电导来求得。

利用已知电导池常数的电极，测出溶液的电导后，即可求出电导率 κ。

三、仪器与试剂

1. 仪器

DDS-11A 型电导率仪，电导电极。

2. 试剂

KCl 标准溶液：准确称取预先在烘箱中已烘干的 KCl（G.R.）0.7455g，置于 100mL 容量瓶中，用高纯水配成 0.1000mol/L KCl 标准溶液。

水样：高纯水、普通去离子水、自来水。

四、实验步骤

按电导率仪使用说明调整仪器，将电极和容器用被测溶液洗 2～3 次，然后将电极插入溶液中，用温度计测出被测溶液的温度，将"温度"补偿旋钮置于被测溶液的实际温度上。拨到"校正"档，调节电导池常数。将电导仪旋扭拨到"测量"，量程选择开关逐档下降到适当位置，仪器显示值即为被测溶液的电导率。分别测出各种水的电导率，并比较它们的纯度。

电导池常数的校正：DDS-11A 型电导率仪所附配套电极，出厂时均注明其电极常数，我们可以通过以下实验进行校正。

将电极和容器用去离子水洗 2～3 次，然后用 0.1000mol/L 的 KCl 标准溶液洗 2～3 次。将电极浸入 0.1000mol/L 的 KCl 标准溶液，用温度计测量 0.1000mol/L 的 KCl 标准溶液温度，查出该温度下 KCl 的电导率（附录 6）。将仪器开关拨到"校正"档，旋动校正旋钮使表针指向满度，然后将仪器开关拨到"测量"档，调节电极常数调节器，使表头指示为该温度下 KCl 溶液的电导率，然后将开关回到"校正"档。此时，电极常数调节器所示数值，即为电极的电导池常数。

五、数据记录与处理

1. 根据测量结果，由下列经验公式分别计算出各种水的含盐量：

$$含盐量（mg/L）\approx 0.72\kappa_{18} \tag{3}$$

$$\kappa_{18} = \frac{\kappa_t}{1 + \alpha(t - 18)} \tag{4}$$

式中，κ_{18} 为 18℃时水样的电导率（μS/cm）；0.72 是经验常数；t 为测定时水样的温度；温度常数 $\alpha \approx 0.022$。

2. 根据三种水的电导率，比较其纯度。

3. 电导池常数的校正数据列于表 1 中。

表 1　电导池常数的校正

KCl 溶液的浓度	0.1000mol/L
原电极的常数	
校正后的电极常数	

当被测溶液的电导率低于 $200\mu S/cm$ 时，宜选用 DJS-1C 型光充电极；被测溶液的电导率高于 $200\mu S/cm$ 时，宜选用 DJS-1C 型铂黑电极；被测溶液的电导率高于 $20mS/cm$ 时，宜选用 DJS-10 型电极，此时测量范围可扩大到 $200mS/cm$。

六、问题与讨论

1. 电导和电导率有什么不同，本实验所用仪器测出的是什么？

2. 电导池常数取决于什么？

3. 电导法在应用中有哪些局限性？

4. 测量电导为什么要用交流电？可否用直流电？

5. 电导法测定高纯水时，电导随试液在空气中的放置时间增长而增大，可能的影响因素是什么？

实验二十七　薄层色谱法分离鉴定有机化合物

一、实验目的

1. 学习薄层色谱法分离鉴定有机化合物的基本原理。

2. 掌握薄层色谱法分离鉴定有机化合物的方法。

二、实验原理

薄层色谱法（TLC）也叫薄层层析法，是快速分离和定性分析少量物质的一种很重要的实验技术，属固-液吸附色谱。薄层色谱法利用各成分对同一吸附剂吸附能力不同，使在流动相（溶剂）流过固定相（吸附剂）的过程中，连续地产生吸附、解吸附、再吸附、再解吸附，从而达到各成分的互相分离的目的。

吸附是固体物质表面的一个重要性质。任何两个相都可以形成表面吸附，当流体与固体接触时，流体中某一组分或多个组分在固体表面上产生积蓄现象。固体与气体之间、固体与液体之间、吸附液体与气体之间的表面上，都可能发生吸附现象。

物质分子之所以能在固体表面停留，这是因为固体表面的分子（离子或原子）和固体内部分子所受的吸引力不相等。在固体内部，分子之间相互作用的力是对称的，其力场互相抵消。而处于固体表面的分子所受的力是不对称的，向内的一面受到固体内部分子的作用力大，而表面层所受的作用力小，因而气体或溶质分子在运动中遇到固体表面时受到这种剩余力的影响，就会被吸引而停留下来。吸附过程是可逆的，被吸附物在一定条件下可以解吸出来。在单位时间内被吸附于吸附剂的某一表面上的分子和同一单位时间内离开此表面的分子之间可以建立动态平衡，称为吸附平衡。吸附层析过程就是不断地产生平衡与不平衡、吸附与解吸的动态平衡过程。

例如用硅胶和氧化铝作吸附剂，其主要原理是吸附力与分配系数的不同，使混合物得以分离。当溶剂沿着吸附剂移动时，带着样品中的各组分一起移动，同时发生连续吸附与解吸作用以及反复分配作用。由于各组分在溶剂中的溶解度不同，以及吸附剂对它们的吸附能力的差异，最终将混合物分离成一系列斑点。如果和作为标准的化合物在层析薄板上一起展开，则可以根据这些已知化合物的比移值（R_f）值对各斑点的组分进行鉴定，同时也可以进一步采用某些方法加以分离定量。薄层色谱法就是将适宜的固定相涂布于玻璃板、塑料或铝基片上形成一均匀薄层，待点样、展开后，根据 R_f 与适宜的对照物按同法所得的色谱图的 R_f 作对比，用以进行药品的鉴定、杂质检查或含量测定。

$$R_f = \frac{溶质的最高浓度中心至原点中心的距离}{溶剂前沿至原点中心的距离}$$

薄层色谱法兼备了柱色谱和纸色谱的优点：它具有操作方便、设备简单、显色容易等特点，同时展开速率快，一般仅需几分钟到十几分钟；混合物易分离，分辨力一般比以往的纸层析高 10～100 倍，它既适用于只有 $0.01\mu g$ 的样品分离，又能分离大于 $500mg$ 的样品，特别适用于挥发性较小或较高温度易发生变化而不能用气相色谱分析的物质，而且还可以使用如浓硫酸、浓盐酸之类的腐蚀性显色剂。此外，薄层色谱法还可用来跟踪有机反应及进行柱色谱之前的一种"预试"。但薄层色谱法对生物高分子的分离效果不甚理想。

薄层色谱法可根据作为固定相的支持物的不同，分为薄层吸附色谱（吸附剂）、薄层分配色谱（纤维素）、薄层离子交换色谱（离子交换剂）、薄层凝胶色谱（分子筛凝胶）等。一般实验中应用较多的是以吸附剂为固定相的薄层吸附色谱。

最常用于薄层色谱法的吸附剂为硅胶和氧化铝。展开剂常用石油醚、CH_2Cl_2、$CHCl_3$、$CH_3COOC_2H_5$、CH_3OH、$HCOOH$ 等，根据实际情况选择合适的展开剂。一般合适的展开剂能使 R_f 值在 0.3～0.6 之间。

薄层色谱法用于检测一般有机化合物时，除了化合物本身具有不同的颜色可以直接观察外，常用的方法还有紫外照射法、碘蒸气法、荧光试剂法、硫酸溶液显色法。

三、仪器与试剂

1. 仪器

烘箱，层析缸，载玻片，镊子，量筒，玻璃刀。

2. 试剂

0.5％羧甲基纤维素钠（CMC）的水溶液，硅胶 G，0.5％偶氮苯的苯溶液，1％苏丹红Ⅲ的苯溶液，0.5％偶氮苯的苯溶液＋1％苏丹红Ⅲ的苯溶液混合（1∶1），石油醚，二氯甲烷，乙酸乙酯。

四、实验步骤

1. 薄层色谱板的制作

（1）调制浆料

按照 1g 硅胶 G 需 3～4mL 0.5％的羧甲基纤维素钠溶液的比例，称取硅胶 G 和 CMC 溶液，将硅胶 G 缓慢加到 CMC 溶液中，边加边搅拌，直至浆料能以小球状滴下，不能结团，或黏度过大。

（2）制板

手持平玻璃板的一端，玻璃棒蘸取两到三滴浆料滴到玻璃板上轻轻铺开。反复滴加铺平，直至铺满玻璃板的绝大部分。离手持一端端点约 1cm 时，用手指或者用干净玻璃棒轻弹玻璃板下面，利用浆料的流动性使浆料在玻璃板上分散均匀，然后放在水平桌面上自然蒸发掉大部分溶剂（每个同学制 4 块玻璃板）。

（3）活化

将风干到一定程度的薄板放到烘箱中于 105～110℃烘干 30min。

2. 点样

用铅笔在离覆盖有吸附剂的一端端点 1cm 左右的位置轻轻画一条横线作为起点，毛细管蘸取样品垂直点在横线上，点的直径一般不超过 2mm。若点样一次不够，则等溶剂干后在前次点样的同一位置处再点第二次、第三次……同一个板上点几个样品点时，一般间隔 1～1.5cm。

3. 展开

将点好样的硅胶板用镊子放到装有展开剂的层析缸中展开，展开剂不能没过起点线。用毛玻璃片盖住层析缸，观察溶剂的痕迹，不要让溶剂走过黏合剂覆盖位置。取出，立即画出记下溶剂走过的顶点位置。然后将颜色最浓的点在记录本上临摹出薄层板，并标出起点，以及展开后各点的位置，做好标示，计算出相应的 R_f 值。

4. 分离与鉴定条件的探究

分别选取石油醚＋二氯甲烷、石油醚＋乙酸乙酯做展开剂对上述有机物质分离鉴定，展开剂比例分别为 9∶1、4∶6、2∶8、1∶9……计算 R_f 值，探究合适的展开剂组合及比例。

五、数据记录与处理

实验数据记录于表 1 中。

表 1   实验数据

展开剂组成与比例	实验现象	展开剂距离/cm	样品点距离/cm	R_f 值

六、问题与讨论

1. 展开剂的高度超过点样线，对薄层色谱有什么影响？

2. 如何利用 R_f 值来鉴定化合物？

3. 为什么极性大的组分要用极性大的溶剂洗脱？

实验二十八   黄连药材的薄层色谱法鉴别

一、实验目的

1. 掌握薄层色谱法的规范化操作。

2. 掌握中药薄层色谱法的定性鉴别方法。

3. 了解薄层色谱法在中药分析中的应用。

二、实验原理

中药黄连是一种非常传统的中草药，在中医医学上具有很广的应用范围和很高的药用价值。生物碱类是黄连的主要有效成分，以小檗碱为主，含量最高（可达 10%）。其中盐酸小檗碱是其主要成分，也是指标性成分，在紫外光（365nm）照射下盐酸小檗碱可产生黄色荧光。利用薄层色谱可将黄连中的各成分分离，在硅胶 G 薄层板上展开后经紫外光（365nm）检视其斑点，用盐酸小檗碱对照品加以对照，可起到鉴别黄连的作用。

三、仪器与试剂

1. 仪器

紫外光灯（365nm），层析缸，硅胶 G 薄层板，点样毛细管。

2. 试剂

甲醇（AR），正丁醇（AR），冰醋酸，盐酸小檗碱对照品，黄连药材。

四、实验步骤

1. 供试品溶液的制备

将黄连打粉，取约 0.1g，加入盐酸-甲醇（1：100）约 95mL，60℃加热回流 15min，超声处理 30min。室温放置过夜，加甲醇至 100mL，摇匀，过滤，滤液作为供试品溶液。

2. 对照品溶液的制备

取盐酸小檗碱对照品适量，加甲醇制成浓度为 0.05mg/mL 的溶液，作为对照品溶液。

3. 点样

吸取 4μL 供试品溶液和 4μL 对照品溶液，分别点于同一硅胶 G 薄层板上。

4. 展开

以正丁醇-冰醋酸-水（4：4：1）为展开剂，预饱和 15～30min 后，将点好样的薄层板放入展开缸中展开，展距 6～8cm。取出，晾干，标出溶剂前沿。

5. 检出

将薄层板置于紫外光灯（365nm）下检视，在薄层色谱板相应位置上，显现相同的一个黄色荧光斑点。画出薄层板，计算 R_f 值。

五、数据记录与处理

R_f 值的计算。

六、问题与讨论

1. 什么是薄层色谱法的规范化操作？为什么要进行规范化操作？
2. 边缘效应产生的原因？如何减小边缘效应？
3. 薄层色谱法的优点和缺陷。

实验二十九　纸色谱分离氨基酸

一、实验目的

1. 了解纸色谱的基本原理。
2. 掌握用纸色谱分离氨基酸的一般操作。

二、实验原理

纸色谱法（Paper Chromatography）也叫纸层析法，是分离、鉴定氨基酸混合物的常用技术，可用于蛋白质的氨基酸成分的定性鉴定和定量测定，也是定性或定量测定多肽、核酸碱基、糖、有机酸、维生素、抗生素等物质的一种分离分析工具。

滤纸是由纤维素组成，纤维素上有多个—OH，能吸附水分（一般纤维能吸附 20％～25％水分）。纸色谱法以滤纸作为载体，水为固定相，与水不相混溶的有机溶剂为流动相。

将样品点在滤纸一端，置于密闭容器中，让流动相通过毛细作用从滤纸一端经过点样点流向另一端。样品中的溶质在固定相水、流动相有机溶剂中进行分配。因样品中不同溶质在两相中分配系数不同，易溶于流动相而难溶于固定相的组分随流动相往前移动速度快些，而易溶于固定相，难溶于流动相的组分随流动相向前移动速度慢些，从而达到将不同组分分离的目的。也可通过测定 R_f 值的方法对不同组分进行鉴别。

纸色谱常用作多官能团或极性较大的化合物，如糖类、酯类、生物碱、氨基酸的分离。它因为设备简单、试剂用量少、便于保存，而成为实验室常用方法。

三、仪器与试剂

1. 仪器

层析缸，层析滤纸，烘箱，毛细管。

2. 试剂

标准液（1％亮氨酸＋乙醇溶液、1％赖氨酸＋乙醇溶液），样品混合液（含 1％亮氨酸、1％赖氨酸的乙醇溶液），0.1％茚三酮乙醇溶液，展开剂（正丁醇：冰乙酸：水＝4：1：5，在分液漏斗中充分混合，静止分层，取上层作展开剂）。

四、实验步骤

1. 点样

取 16cm×6cm 的层析滤纸，在距离底边 1cm 处用铅笔划一起始线，在起始线上分别点上标准品（亮氨酸、赖氨酸）及混合样品溶液（样点间距 1.5cm 左右），点样直径控制在 2～4mm，晾干。

2. 展开

向层析缸中加入一定量的展开剂（约 1～1.5cm 深），盖上盖子约 5～10min（使缸内展开剂蒸气饱和），将点样后的滤纸悬挂在缸内使纸底边浸入展开剂约 0.3～0.5cm。待溶剂前沿展开到合适部位（约 8～10cm），取出，划出前沿线，冷风吹干。

3. 显色

将展开完毕晾干的滤纸均匀喷以 0.1％茚三酮乙醇溶液，85℃烘干至斑点显色清晰为止。

4. 计算各种氨基酸的 R_f 值

画出斑点位置及颜色最深处，根据原点到斑点颜色最深处距离和原点到溶剂前沿距离，计算各种氨基酸的 R_f 值。

五、问题与讨论

1. 纸色谱实验中对层析滤纸有何要求？

2. 纸色谱分离氨基酸时为什么不能用手直接接触滤纸？

实验三十　气相色谱法测定乙酸乙酯中微量水分

一、实验目的

1. 了解气相色谱仪的主要构造。

2. 掌握外标法测定样品含量。

3. 熟悉热导检测器的使用方法。

二、实验原理

气相色谱是一种分离技术，它是以惰性气体作为流动相，利用被测样品中各组分在色谱柱中的气相和固定相之间的分配系数不同，经过一定的柱长后，组分在两相间进行反复多次的分配，造成各组分在色谱柱中的运行速度不同，使得各组分顺序离开色谱柱进入检测器，产生的离子流信号经过放大后，在记录器上描绘出各组分的色谱峰。气相色谱经过 60 多年的发展，已经成为重要的近代分析手段之一。

乙酸乙酯常含有水、乙醇等杂质，用 RTX-5（5％二苯基＋95％二甲基聚硅氧烷）固定相、热导检测器，在适当色谱条件下，可使各组分完全分离，选用苯-水平衡溶液作外标物，同样条件下进样，苯-水平衡液中水、苯得到良好分离。

外标法定量快速、准确，除了被测组分外，不要求所有组分都出峰，所以在生产实践中被广泛应用。通过比较待测样品中水分色谱峰面积与外标物中水峰峰面积，可以测出样品中含水量。乙酸乙酯中含水量：

$$w_{水}（\%）=\frac{V_s \rho_s A w_s}{V \rho A_s}\times 100 \tag{1}$$

式中，$w_{水}$ 为乙酸乙酯中水质量分数；V 为乙酸乙酯进样量，μL；ρ 为乙酸乙酯密度，g/cm^3；A 为乙酸乙酯水峰面积，mm^2；w_s 为外标物水分质量分数；V_s 为外标物进样量，μL；ρ_s 为外标物密度，g/cm^3；A_s 为外标物水峰面积，mm^2。

三、仪器与试剂

1. 仪器

气相色谱仪 GC2010，分液漏斗，100mL 碘量瓶，10mL 量筒，微量进样器。

2. 试剂

乙酸乙酯（色谱纯），苯（色谱纯），纯化水。

四、实验步骤

1. 色谱条件

色谱柱，RTX-5；检测器，TCD；检测器温度，140.0℃；电流，30mA；尾吹气，氮气；尾吹流量，8.0mL/min；载气，氮气；柱箱温度，80.0℃；平衡时间，3.0min；气化室温度，120.0℃；进样方式，分流进样；分流比，60.0；压力，63.5kPa；柱流量，0.66mL/min；线速度，20.0cm/sec；吹扫流量，3.0mL/min。

2. 外标液的配制

量取 20mL 苯，置于分液漏斗中，加同体积的蒸馏水振荡洗涤 5min。除去水溶性物质，洗涤次数不少于 5 次。最后一次充分振荡后连水一起装入干燥的 100mL 碘量瓶中，静置 10min 后即可使用。每次使用前需振荡 30s，静置 5min 后即可作为某室温下水标准使用。根据室温查表 1 得出相应含水量。

表 1　苯中饱和水溶解度

温度/℃	含水量/%	温度/℃	含水量/%	温度/℃	含水量/%
20	0.0614	24	0.0696	28	0.0802
21	0.0635	25	0.0716	29	0.0830
22	0.0655	26	0.0745	30	0.0859
23	0.0676	27	0.0773	31	0.0947

3. 实验具体过程

（1）准备

打开载气（氮气）钢瓶总阀，调节输出压力为 0.5MPa。

（2）开机

打开气相色谱仪电源开关，设置柱温、检测器温度和气化室温度至上述设定值。待柱温、检测器温度以及气化室温度等达到设定值后，稳定 10min，设置桥电流值为 30mA。

（3）标准溶液的分析

将进样针用苯-水平衡液洗 3 次，吸取 1μL 标准溶液注入色谱仪中进行分析，得到标准溶液的色谱图。平行三次进样，测得对照品中待测组分峰面积的平均值。

（4）试样溶液的分析

分析方法和条件与标准溶液完全相同，将进样针用试样溶液洗 3 次，吸取 1μL 注入色谱仪中进行分析，得到试样溶液的色谱图。平行进样三次，测得供试品中待测组分峰面积的平均值。

（5）分析结果判断

分析结束后，从标准溶液的色谱图和试样溶液的色谱图中获取待测组分的峰面积。

（6）结束工作

仪器使用完毕后，熄火开氮气吹扫降温。待柱温降至 50℃ 以下时关闭氮气，关闭仪器。

（7）注意事项

① 在检测器通电之前，一定要确保载气已经通过了检测器，否则，热丝可能被烧断，致使检测器报废。

② 关机时一定要先关检测器电源，然后关载气。任何时候进行有可能切断 TCD 的载气流量的操作，都要关闭检测器电源。

③ 每次关机前都应将柱箱温度降到 50℃ 以下，然后再关电源和载气。

④ 热导检测器为浓度型检测器，当进样量一定时，峰高受流速影响较小，所以在使用峰面积定量时，需严格保持流速恒定。

⑤ 严格按照操作要求，实验室保持良好的通风状况。

五、数据记录与处理

有关实验数据记录在表 2、表 3 中。

室温＝   外标物中水分含量＝

乙酸乙酯密度＝   苯密度＝

表 2　苯-水平衡液分析

项目编号	1	2	3
进样量 V_s/μL			
水峰面积 A_s/mm²			
峰面积平均值 $\overline{A}_s$			

表 3　乙酸乙酯水分的测定

项目编号	1	2	3
进样量 V/μL			

项目编号	1	2	3
水峰面积 A/mm^2			
含水量 $w_水/\%$			
$\bar{w}_水/\%$			
绝对偏差			
相对平均偏差			

六、问题与讨论

1. 外标法为什么要求仪器分析条件必须严格一致？

2. 本实验采用热导检测器测量乙酸乙酯中水分，能否采用氢火焰离子化检测器进行检测，为什么？

实验三十一　醇系物的气相色谱定性和定量分析

一、实验目的

1. 掌握组分保留时间的测定方法及用保留时间定性的方法。

2. 掌握用面积归一化法计算各组分含量的方法。

3. 了解 GC-2010 气相色谱仪的使用及软件的操作。

4. 了解气相色谱程序升温的原理及基本特点。

二、实验原理

气相色谱法可以有效地分离、分析多组分混合物质。用气相色谱法分析样品时，各组分都有一个最佳色谱柱温度。色谱柱的温度控制有恒温和程序升温两种方法。

对于沸程较宽、组分较多的复杂样品，柱温可选在各组分的平均沸点左右，显然这是一种折中的办法，其结果是：低沸点组分因柱温太高很快流出，色谱峰尖而挤甚至重叠，而高沸点组分因柱温太低，滞留过长，色谱峰扩张严重，甚至在一次分析中不出峰。

程序升温气相色谱法（PTGC）是色谱柱按预定程序连续地或分阶段地进行升温的气相色谱法。采用程序升温技术，可使各组分在最佳的柱温流出色谱柱，以改善复杂样品的分离，缩短分析时间。另外，在程序升温操作中，随着柱温的升高，各组分加速运动，当柱温接近各组分的保留温度时，各组分以大致相同的速度流出色谱柱，因此在 PTGC 中各组分的峰宽大致相同，称为等峰宽。

本实验在极性毛细管色谱柱上，对醇系物样品进行分析，定性分析采用的是利用已知物进行对照的方法；定量分析采用面积归一化法。

当气相色谱的固定相及操作条件严格固定时，任何一种物质都有一定的保留时间。因此，只要色谱仪有良好的稳定性，就可直接利用保留值来进行定性分析，即待测组分的保留值与待测组分的纯样品具有相同的保留值时，就可认为两者是同一物质。但由于在同一色谱柱上，不同组分可能有相同的保留值，这时如果更换一种极性不同的色谱柱重新进行测定，两者的保留值仍相同时，则可基本肯定待测组分和纯样品是同一种物质。

利用气相色谱法分析的主要目的是对混合物中的各组分进行定量分析。色谱定量的依据是被测组分的质量（m_i）与检测器所给出的信号（A_i 或 h_i）成正比，即

$$m_i = f'_i A_i \qquad\qquad (1)$$

因此，要求出组分的含量，必须先准确地测量峰面积（A_i）或峰高（h_i），准确地求出相对校正因子（f'_i），然后选择一个适当的定量方法，求出该组分的含量。

峰面积的测量、相对校正因子的求得及定量分析方法有多种，本实验中将采用下述方法。

（1）相对校正因子

采用质量校正因子，以乙醇作标准

$$f'_i = f_i(x)/f_i(s) = m_i A_s/(m_s A_i) \qquad\qquad (2)$$

式中，A_i、A_s 为待测组分和标准物的峰面积；m_i、m_s 为待测组分纯物质和标准物的质量。

（2）定量方法

采用峰面积归一化法定量，即

$$X_i = m_i/(m_1 + m_2 + \cdots) \times 100\% = f'_i A_i/(\sum f'_i A_i) \times 100\% \qquad (3)$$

式中，X_i 为 i 组分的质量分数；$f'_i A_i$ 为某一组分的质量；$\sum f'_i A_i$ 为试样中各种待测组分质量的总和。

三、仪器与试剂

1. 仪器

气相色谱仪（岛津 GC2010），高纯氢气钢瓶，空气压缩机，高纯氮气钢瓶。

2. 试剂

乙醇（分析纯），正丙醇（分析纯），异丙醇（分析纯），正丁醇（分析纯）。

四、色谱操作条件

程序升温：起始温度 50℃，保持 4min，然后以 15℃/min 升温到 100℃。

进样口温度：200℃，分流比 50：1。

载气：N_2，流速为 1.5mL/min。

检测器温度：250℃。

检测器：氢火焰离子化检测器，氢气：空气＝1：10；空气，400mL/min；氢气，40mL/min。

五、实验步骤

1. 溶液的配制

① 配制 3 种二组分的标准样：乙醇-正丙醇，乙醇-异丙醇，乙醇-正丁醇。二组分的含量要近似相等，数量要准确，用来测定相对质量校正因子，用分析纯乙醇、正丙醇、异丙醇、正丁醇配制。

取干燥的玻璃瓶在电子分析天平上准确称其质量，加入约 10 滴乙醇，再准确称其质量，计算加入乙醇质量（m_s）。以同样方法，分别再向小瓶中加入约 10 滴正丙醇、异丙醇、正丁醇，并计算正丙醇、异丙醇、正丁醇各自的质量（m_i）。

② 配制未知含量的四组分（乙醇、正丙醇、异丙醇、正丁醇）样品混合液，用于定量分析。

2. 进样分析

① 按以上给出的色谱条件，开机调试，待仪器稳定后即可进样。

② 定性分析：二组分标准样，进样 0.5μL，测量各峰的保留时间和峰面积，重复进样数次，将测定的实验数据记于表 1。

③ 定量分析：四组分混合未知样，进样 0.5μL，同样重复进样数次，将测定的实验数据记于表 2。

④ 记录色谱图。

六、数据记录与处理

1. 二组分标准溶液测定数据

直接比较标准样品各组分的保留时间（t_R），确定样品色谱图中各峰所代表的物质的名称；测量并记录各峰面积；根据二组分标样的色谱图，以乙醇为标准，分别计算正丙醇、异丙醇和正丁醇的质量校正因子，记录于表 1。

表 1　保留时间和相对校正因子测定数据

组分	质量/g	t_R/min				A				f_i'
		1	2	3	平均值	1	2	3	平均值	
乙醇										
正丙醇										
乙醇										
异丙醇										
乙醇										
正丁醇										

2. 待测混合溶液测定数据

比较标准样品和混合液样品中各组分的保留时间（t_R），确定样品色谱图中各峰所代表的物质的名称。混合物色谱图中各组分的峰面积记录于表 2，由归一化法计算各组分含量。

表 2　样品保留时间和峰面积测定数据

组分	t_R/min			A			X_i
1 号峰							
2 号峰							
3 号峰							
4 号峰							
定性结论							

七、问题与讨论

1. 色谱定性方法有哪几种？本实验中使用的是什么定性方法？
2. 色谱定量方法有哪几种？归一化法有什么优缺点？
3. 你对本实验有什么意见或建议吗？

实验三十二　气相色谱—质谱法测定水中挥发性有机物

一、实验目的

1. 掌握 GC-MS 工作的基本原理。
2. 了解仪器的基本结构及操作。
3. 初步学会谱图的定性定量分析。

二、实验原理

样品中的挥发性有机物经高纯氦气（或氮气）吹扫后吸附于捕集管中，将捕集管加热并以高纯氦气反吹，被热脱附出来的组分经气相色谱分离后，用质谱仪进行检测。通过与待测目标化合物保留时间和标准质谱图或特征离子相比较进行定性，内标法定量。

三、仪器与试剂

1. 仪器

Thermo Fisher 公司 Trace ISQ 8000 气相色谱-质谱联用仪：气相色谱可程序升温，色谱部分具分流/不分流进样口，可程序升温。质谱部分具 70eV 的电子轰击（EI）电离源，每个色谱峰至少有 6 次扫描，推荐为 7～10 次扫描；产生的 4-溴氟苯的质谱图必须满足表 1 的要求；具 NIST 质谱图库、手动/自动调谐、数据采集、定量分析及谱库检索等功能。

吹脱装置：吹扫装置能直接连接到色谱部分，并能自动启动色谱，应带有 5mL 的吹扫管。捕集管使用 1/3 Tenax、1/3 硅胶、1/3 活性炭混合吸附剂或其他等效吸附剂，但必须满足相关的质量控制要求。

毛细管柱：要保证脱附气流与柱型匹配，可用以下柱子：

① 60m×0.75mm（内径），1.5μm，VOCOL 宽口径毛细柱。

② 30m×0.53mm（内径），3μm，DB-624 大口径毛细柱。

③ 30m×0.32mm（内径），1μm，DB-5 毛细柱。

④ 30m×0.25mm（内径），1.4μm，DB-624 毛细柱。也可采其它等效色谱柱。

气密性注射器，（25mL 或 5mL），微量注射器（10μL），样品瓶（40mL 棕色玻璃瓶，具硅橡胶-聚四氟乙烯衬垫螺旋盖），棕色玻璃瓶（2mL，具聚四氟乙烯-硅胶衬垫和实芯螺旋盖），容量瓶（A 级，25mL），一般实验室常用仪器和设备。

2. 试剂

除非另有说明，分析时均使用符合国家标准的优级纯化学试剂。

空白试剂水（二次蒸馏水或通过纯水设备制备的水，使用前需经过空白检验，确认在目标化合物的保留时间区间内无干扰峰出现或目标化合物浓度低于方法检出限），甲醇（CH_3OH），使用前需通过检验，确认无目标化合物或目标化合物浓度低于方法检出限，盐酸溶液（1：1），抗坏血酸（$C_6H_8O_6$），标准储备液（200～2000μg/mL，可直接购买市售有证标准溶液，或用高浓度标准溶液配制），标准中间液（5～25μg/mL，用甲醇稀释标准储备液保存时间为一个月），内标标准溶液（25μg/mL，选用氟苯和 1,4-二氯苯-d_4 作为内标，可直接购买有证标准溶液，或用高浓度标准溶液配制），替代物标准溶液（25μg/mL，选用二溴氟甲烷、甲苯-d_8 和 4-溴氟苯作为替代物，可直接购买有证标准溶液，或用高浓度标准溶液配制），4-溴氟苯（BFB）溶液（25μg/mL，可直接购买有证标准溶液，也可用高浓度标准溶液配制），氦气纯度≥99.999%，氮气（纯度≥99.999%）。

注：以上所有标准溶液均以甲醇为溶剂，在 4℃ 以下避光保存或参照制造商的产品说明书保存，使用前应恢复至室温、混匀。

四、样品处理

1. 样品的采集

所有样品均采集平行双样，每批样品应带一个全程序空白和一个运输空白。

采集样品时，应使水样在样品瓶中溢流而不留空间。取样时应尽量避免或减少样品在空气中暴露。

注：样品瓶应在采样前用甲醇清洗，采样时不需用样品进行润洗。

2. 样品的保存

采样前，需要向每个样品瓶中加入抗坏血酸，每 40mL 样品需加入 25mg 的抗坏血酸。采样时，水样呈中性时向每个样品瓶中加入 0.5mL 盐酸溶液，拧紧瓶盖；水样呈碱性时应加入适量盐酸溶液使样品 pH≤2。采集完水样后，应在样品瓶上立即贴上标签。

当水样加盐酸溶液后产生大量气泡时，应弃去该样品，重新采集样品。重新采集的样品不应加盐酸溶液，样品标签上应注明未酸化，该样品应在 24h 内分析。

样品采集后冷藏运输。运回实验室后应立即放入冰箱中，在 4℃ 以下保存，14 天内分析完毕。样品存放区域应无有机物干扰。

五、实验步骤

1. 操作参数

吹脱捕集装置：吹扫温度，室温或恒温；吹扫流速，40mL/min；吹扫时间，11min；干吹扫时间，1min；预脱附温度，180℃；脱附温度，190℃；脱附时间，2min；烘烤温度，200℃；烘烤时间，6min。其余参数参照仪器使用说明书进行设定。

气相色谱（GC）条件：进样口温度，220℃；进样方式，分流进样（分流比 30∶1）；程序升温，35℃（2min）→5℃/min→120℃→10℃/min→220℃（2min）；载气，氦气；流量，1.0mL/min。

质谱（MS）条件：离子源，EI 源；离子源温度，230℃；离子化能量，70eV；扫描方式，全扫描或选择离子扫描（SIM）；扫描范围，m/z 35～270；溶剂延迟，2.0min；电子倍增电压，与调谐电压一致；接口温度，280℃。其余参数参照仪器使用说明书进行设定。

对于使用全扫描方式，质谱应采集每个目标化合物 $m/z \geqslant 35$ 以上的所有离子，但有水或二氧化碳峰存在时，扫描范围可以从 m/z 45 开始。

对于使用全扫描方式，质谱应采集每个目标化合物 $m/z \geqslant 35$ 以上的所有离子，但有水或二氧化碳峰存在时，扫描范围可以从 m/z 45 开始。

2. 校准

（1）仪器性能检查

在分析之前，GC/MS 系统必须进行仪器性能检查。吸取 2μL 的 BFB 溶液，通过 GC 进样口直接进样或加入到 5mL 空白试剂水中，然后通过吹扫捕集装置进样，用 GC/MS 进行分析。GC/MS 系统得到的 BFB 关键离子丰度应满足表 1 中规定的标准，否则需对质谱仪的一些参数进行调整或清洗离子源。

表 1 4-溴氟苯离子丰度标准

质荷比	离子丰度标准	质荷比	离子丰度标准
95	基峰,100％相对丰度	175	质量 174 的 5％～9％
96	质量 95 的 5％～9％	176	质量 174 的 95％～105％
173	小于质量 174 的 2％	177	质量 176 的 5％～10％
174	大于质量 95 的 50％		

（2）校准曲线的绘制

使用全扫描方式：分别移取一定量的标准中间液和替代物标准溶液快速加到装有空白试剂水的容量瓶中，并定容至刻度，将容量瓶垂直振摇三次，混合均匀，配制目标化合物和替代物的浓度分别为 5.00μg/L、20.0μg/L、50.0μg/L、100μg/L、200μg/L 的标准系列。然后用 5.0mL 的气密性注射器吸取标准溶液 5.0mL，加入 10.0μL 的内标标准溶液，按照仪器参考条件，从低浓度到高浓度依次测定，记录标准系列目标化合物和相对应内标的保留时间、定量离子的响应值。

使用 SIM 方式：分别移取一定量的标准中间液和替代物标准溶液快速加到装有空白试剂水的容量瓶中，并定容至刻度，将容量瓶垂直振摇三次，混合均匀，配制目标化合物和替代物的浓度分别为 1.0μg/L、4.0μg/L、10.0μg/L、20.0μg/L、40.0μg/L 标准系列。然后用 5.0mL 的气密性注射器吸取标准溶液 5.0mL，加入 2.0μL 的内标标准溶液，按照仪器参考条件，从低浓度到高浓度依次测定，记录标准系列目标化合物和相对应内标的保留时间、定量离子的响应值。

3. 测定

使用全扫描方式进行测定：将样品瓶恢复至室温后，用气密性注射器吸取 5.0mL 样品，向样品中分别加入 10.0μL 的内标标准溶液和替代物标准溶液，使样品中内标和替代物浓度均为 50μg/L，将样品快速注入吹扫管中，按照仪器参考条件，使用校准曲线进行测定。有自动进样器的吹扫捕集仪可参照仪器说明进行操作。

使用 SIM 方式进行测定：将样品瓶恢复至室温后，用气密性注射器吸取 5.0mL 样品，向样品中分别加入 2.0μL 的内标标准溶液和替代物标准溶液，使样品中内标和替代物浓度均为 10μg/L，将样品快速注入吹扫管中，按照仪器参考条件，使用校准曲线进行测定。有自动进样器的吹扫捕集仪可参照仪器说明进行操作。

4. 空白试验

用气密性注射器吸取 5.0mL 空白试剂水，向空白试剂水中分别加入 10.0μL 的内标标准溶液和替代物标准溶液，使空白试剂水中内标和替代物浓度均为 50μg/L（使用 SIM 方式时，内标和替代物浓度应为 10μg/L），将空白试剂水快速注入吹扫管中，按照仪器参考条件进行测定。有自动进样器的吹扫捕集仪可参照仪器说明进行操作。

六、数据记录与处理

1. 目标化合物的定性分析

① 对于每一个目标化合物，应使用标准溶液或通过校准曲线经过多次进样建立保留时间窗口，保留时间窗口为±3 倍的保留时间标准偏差，样品中目标化合物的保留时间应在保留时间的窗口内。

② 对于全扫描方式，目标化合物在标准质谱图中的丰度高于 30% 的所有离子应在样品质谱图中存在，而且样品质谱图中的相对丰度与标准质谱图中的相对丰度的绝对值偏差应小于 20%。例如，当一个离子在标准质谱图中的相对丰度为 30%，则该离子在样品质谱图中的丰度应在 10%～50% 之间。对于某些化合物，一些特殊的离子如分子离子峰，如果其相对丰度低于 30%，也应该作为判别化合物的依据。如果实际样品存在明显的背景干扰，则在比较时应扣除背景影响。

2. 目标化合物的定量分析

① 目标化合物经定性鉴别后，根据定量离子的峰面积或峰高，用内标法计算。当样品中目标化合物的定量离子有干扰时，允许使用辅助离子定量。

② 用校准曲线定量。目标化合物采用线性或非线性校准曲线进行校准时，目标化合物质量浓度通过相应的校准曲线方程进行计算。

3. 结果表示

当测定结果小于 $100\mu g/L$ 时，保留小数点后 1 位；当测定结果大于等于 $100\mu g/L$ 时，保留 3 位有效数字。

七、问题与讨论

1. 在 GC-MS 测定中目标物定性需要几个特征离子？定量需要几个特征离子？
2. 什么是选择离子扫描模式（SIM）和全扫描模式（full scan）？

实验三十三　高效液相色谱法测定饮料中咖啡因的含量

一、实验目的

1. 认识高效液相色谱仪，了解高效液相色谱仪的工作原理和基本结构。
2. 初步掌握高效液相色谱仪的基本操作。
3. 掌握高效液相色谱法进行定性分析和定量分析的原理，掌握单点校正法进行定量分析的方法。

二、实验原理

咖啡因又称咖啡碱，属黄嘌呤衍生物，化学名称为 1，3，7-三甲基黄嘌呤，化学式为 $C_8H_{10}N_4O_2$，是可以从茶叶或咖啡中提取而得的一种生物碱。咖啡因是一种中枢神经兴奋剂，能够暂时驱走睡意并使人恢复精力，临床上用于治疗神经衰弱和昏迷复苏。咖啡中咖啡因含量为 $1.2\%\sim1.8\%$，茶叶中为 $2.0\%\sim4.7\%$，可乐饮料、能量饮料、APC 药片等中均含咖啡因。传统的测定咖啡因的方法是先进行萃取，然后再用分光光度法测定。但是，某些在紫外区具有吸收的杂质也同时存在干扰，使得产生一定的误差。此外，整个操作过程也比较烦琐。而用高效液相色谱法将饮料中的咖啡因与其他组分分离后再检测，消除了干扰，使得测定更为方便、结果更为准确。

高效液相色谱仪是一类高效分离分析仪器，是由色谱输液系统、进样系统、柱分离系统、检测系统及色谱工作站等部分构成。被分析样品通过进样阀由流动相携带进入色谱柱，每个组分和固定相、流动相之间相互作用，产生一系列的动态平衡，由于每个组分的平衡参数不相同，造成不同组分在色谱柱内的差速迁移，导致各个组分的分离，分离的各个组分通过检测器后，经检测得到对应的相应值，色谱工作站收集这些数据并处理形成色谱图及处理结果。

高效液相色谱法定性和定量分析的原理和方法与气相色谱法相同，即在一定的色谱操作条件下，每种物质有一定的保留值，而被测物质的质量 m_i 与检测器产的信号——色谱峰 A_i 或者 h_i 成正比，即：

$$m_i = f'_i A_i \text{ 或 } m_i = f''_i h_i \tag{1}$$

式中，f'_i、f''_i 为比例常数，分别称为峰面积绝对校正因子和峰高绝对校正因子。

由于各组分在同一检测器上具有不同的响应值，两个相等量的物质得不出相等的峰面积，或者说相等的峰面积并不一定意味着相等物质的量。所以，不能用色谱峰的峰面积或峰高来直接计算各组分的含量。

色谱法中常用的定量分析方法有归一化法、内标法和外标法。外标法是所有定量分析中最通用的一种方法，也叫标准曲线法，外标法简便，不需要校正因子，但进样量要求十分准确，操作条件也需严格控制，适于日常控制分析和大量同类样品分析。外标法的测定方法为，把待测组分的纯物质配成不同浓度的标准系列，在一定操作条件下分别向色谱柱中注入相同体积的标准样品，测得各峰的峰面积或峰高，绘制 $A\text{-}c$ 或 $h\text{-}c$ 的标准曲线。在完全相同的条件下注入相同体积的待测样品，根据所得的峰面积或峰高从曲线上查得含量。

在已知样品标准曲线呈线性的情况下，可以用单点校正法测定。配制一个与被测组分含量相近的标准物，在同一条件下先后对被测组分和标准物进行测定，被测组分的质量分数为：

$$w_i = \frac{A_i}{A_s} \times \frac{m_s}{m} \times P_s \tag{2}$$

式中，m_s 为标准溶液中标准物质的质量；m 为称取的样品质量；P_s 为标准物质的纯度；A_i 为样品溶液待测组分 i 的数次峰面积的平均值；A_s 为标准溶液中组分 i 数次峰面积的平均值。也可以用峰高代替峰面积进行计算。

三、仪器与试剂

1. 仪器

高效液相色谱仪（Agilent 1200SL 或者其他品牌液相色谱），多波长紫外检测器，ODS 色谱柱（Hypersil Gold HPLC Columns，Thermo，$4.6\text{mm} \times 250\text{mm}$，$5\mu m$），微量移液器（$100 \sim 1000\mu L$），溶剂过滤器（250mL），溶剂瓶（1000mL，4 个），微量注射器（$50\mu L$，平针），超声波清洗器，溶剂过滤器。

2. 试剂

甲醇（色谱纯），H_3PO_4（GR，99.5%，500mL），乙腈（色谱纯），氢氧化钾（GR，99.5%，500g），二次蒸馏水，咖啡因标样，可乐饮料。

四、实验步骤

1. 标准溶液的配制

准确称取咖啡因标样 20.0mg 于烧杯中，用甲醇溶解，转移至 50mL 容量瓶中，定容，摇匀。准确移取 1mL 该溶液于 10mL 容量瓶中，用甲醇定容，摇匀。

2. 样品溶液的配制

取 30mL 可乐饮料于烧杯中，用超声波脱气 15min 以驱赶二氧化碳，准确移取 1mL 已脱气的饮料于 10mL 容量瓶中，用甲醇定容，摇匀。

3. 开机清洗系统

① 依次打开混合器（真空脱气机）、四元泵、多波长紫外检测器、柱温箱。

② 打开计算机并启动安捷伦化学工作站。

③ 调入运行方法：Caffeine-286。

流动相，C70%：D30%［C 为无水甲醇，D 为磷酸二氢钾缓冲溶液（0.01mol/L H_3PO_4-1%乙腈-H_2O，pH＝3.5）］；流速，0.75mL/min；柱温，30℃；检测波长，271-286nm/16nm、参比 360nm/100nm；记录时间，20min。

4. 进样操作与数据采集

① 用 $50\mu L$ 进样器（平口）吸取待测试液并排除气泡，注入手动进样器（进样阀旋钮开关 Load）中。

② 在工作站窗口菜单中设定"方法及数据存放路径＼目录"，"样品信息"设定"序列文件名称"、样品注释、进样量等。

③ 按下进样阀旋钮开关（Inject，快速、到位），各图标颜色变为"蓝色"，开始采集并记录色谱流出图数据；存放于指定目录中。

④ 采集结束后，自动打印报告到目录文件中。

5. 校正曲线的测定

① 在上述优化的色谱条件下，分别取咖啡因系列标准对照品溶液 $20\mu L$ 进样；每份标准溶液进样 3 次以上，直到色谱峰面积基本一致；记录保留时间和峰面积。

② 由上述系列标准溶液测得的色谱峰面积对浓度作图，绘制校正曲线。

6. 饮料样品溶液的测定

① 在上述优化的色谱条件下，取饮料样品溶液 $20\mu L$ 进样；重复进样 3 次以上，直到色谱峰面积基本一致；记录保留时间和峰面积。

② 由校正曲线，用外标法定量，求得饮料样品中咖啡因的含量。

7. 色谱系统的清洗与仪器维护

① 固定流速，0.75mL/min；先用 B％：C％：A％＝50％：30％：20％ （B 为异丙醇，C 为无水甲醇，A 为 H_2O）为流动相，清洗色谱系统，直到压力稳定、基线平直；再用 C％：A％＝50％：50％ （C 为无水甲醇，A 为 H_2O）为流动相，清洗色谱系统，直到压力稳定、基线平直；再用 C％：A％＝80％：20％ （C 为无水甲醇，A 为 H_2O）为流动相，清洗色谱系统，直到压力稳定、基线平直。

② 关闭化学工作站；关闭仪器；关计算机。

③ 洗针，处理溶剂。

④ 仪器维护，卫生扫除。

⑤ 安全检查，仪器使用记录签字。

五、数据记录与处理

1. 确定样品色谱图中咖啡因的位置。

2. 计算可乐饮料中咖啡因的含量。

六、注意事项

1. 所用流动相必须分别过滤后使用。

2. 用微量注射器进样时，抽液时应缓慢上提针芯。若有气泡，将注射器针尖向上，使气泡上浮后推出。

3. 不同品牌的饮料中咖啡因含量不同，移取的样品量可酌量增减。若样品和标准溶液需保存，应置于冰箱中。

4. 实验完毕，必须冲洗色谱柱。

七、问题与讨论

1. 紫外检测器是否适于所有有机化合物的检测，为什么？

2. 外标法应用于哪些情况？它与内标法、归一法比较，有何优缺点？

实验三十四　高效液相色谱法分析中药大黄的有效成分及大黄酸含量的测定

一、实验目的

1. 进一步熟悉高效液相色谱法的操作。

2. 了解高效液相色谱在中药成分分析方面的应用。

3. 熟悉梯度洗脱的设计和操作。

二、实验原理

中药中常含有多种有机和无机化合物，成分非常复杂。每一味中药都有它独特的一种或几种有效成分，对中药的有效成分进行定性和定量分析是研究中药的关键。高效液相色谱由于具有分离效能高、分析速度快、操作简便等优点，在中药成分分析方面应用非常广泛。大黄为常用中药，其主要有效成分为蒽醌衍生物、苷类化合物、鞣质类、有机酸类、挥发油类等，主要有大黄酸、大黄素、大黄酚、大黄素甲醚和芦荟大黄素，其化学结构式如图1。

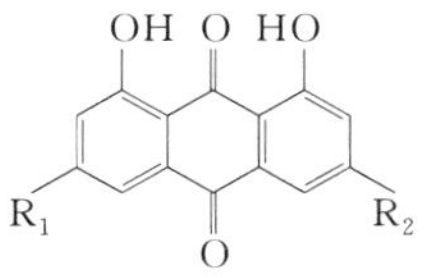

大黄酸：$R_1=H, R_2=COOH$
大黄素：$R_2=CH_3, R_2=OH$
芦荟大黄素：$R_1=H, R_2=CH_2OH$
大黄素甲醚：$R_1=CH_2, R_2=OCH_3$
大黄酚：$R_1=H, R_2=CH_3$

图 1　大黄化学结构式

在反相高效液相色谱中，极性大的组分先出峰，极性小的后出峰。本实验用反相高效液相色谱法分离大黄提取物，要在尽可能短的时间内达到较好的分离效果，流动相的选择是关键。但对于组成复杂的混合物，如中药提取物，有时必须使用梯度洗脱才能使各组分在短时间内得到较好的分离。

三、仪器与试剂

1. 仪器

高效液相色谱仪（Agilent 1200SL 或者其他品牌液相色谱），多波长紫外检测器，ODS色谱柱（Hypersil Gold HPLC Columns，Thermo，$4.6mm \times 250mm$，$5\mu m$），微量移液器（$100\sim1000\mu L$），溶剂过滤器（250mL），微孔滤膜，溶剂瓶（1000mL，4 个），微量注射器（$50\mu L$，平针），超声波清洗器，溶剂过滤器。

2. 试剂

甲醇（色谱纯），磷酸（GR，99.5%，500mL），乙腈（色谱纯），二次蒸馏水，大黄，硫酸，三氯甲烷，大黄素标准储备液。

四、实验步骤

1. 中药大黄中蒽醌类成分的提取

① 称取中药大黄细粉（过筛）50.0g，置于1000mL圆底烧瓶中。

② 加入200mL 20% H_2SO_4 和500mL $CHCl_3$，控温85℃回流4h，抽滤除去残渣；滤液分层，有机层用蒸馏水洗涤2次，旋蒸回收溶剂。

2. 流动相的准备

甲醇与0.1%磷酸分别用$0.45\mu m$滤膜过滤，置于超声波脱气机上脱气15min。

3. 大黄酸标准溶液的配制

分别准确移取大黄酸标准储备液0.00mL、1.00mL、2.00mL、3.00mL、4.00mL、5.00mL置于6只25mL容量瓶中，用流动相（80%甲醇-20%水-0.1% H_3PO_4-1%CH_3CN）定容，用$0.45\mu m$滤膜过滤。

4. 样品溶液的配制

准确称取大黄蒽醌提取物250.0mg，用流动相溶解定容至50mL，用$0.45\mu m$滤膜过滤。

5. 开机

依次打开高压泵、检测器、色谱工作站。调整色谱条件如下：检测波长为254nm；流动相为 80％甲醇-20％水-0.1％ H_3PO_4-1％CH_3CN；流速为 0.75mL/min；柱温为 30℃。启动高效液相色谱仪至基线平直。

6. 大黄蒽醌提取物分离条件的优化

待基线平直后，取样品溶液 20μL 进样，观察分离情况。再调整流动相比例，进样，观察分离情况。

设置梯度洗脱程序：30min 内，甲醇的比例由 60％变化到 90％。进样，观察分离情况，记录组分的保留时间。

7. 标准曲线的绘制

按照上述优化的色谱条件。取各浓度的大黄酸标准溶液 20μL 进样，每份标准溶液进样三次，要求色谱峰面积基本一致，否则继续进样，直至每次进样色谱峰面积重复，记录峰面积和保留时间。根据保留时间判断大黄蒽醌提取物中哪个峰是大黄酸所对应的色谱峰。

8. 样品测定

取待测样品 20μL 进样，记录大黄酸的峰面积和保留时间，重复进样两次，要求色谱峰面积基本一致，否则继续进样，直至每次进样色谱峰面积重复。

9. 清洗色谱系统

实验完毕，清洗色谱系统，按仪器操作规程停机。

五、数据记录与处理

以标准溶液的浓度为横坐标，峰面积为纵坐标绘制大黄酸的标准曲线，根据样品中大黄酸的峰面积，从标准曲线上查出相应的浓度，计算大黄蒽醌提取物中大黄酸的含量。

六、问题与讨论

1. 黄酸、大黄素、大黄酚、大黄素甲醚和芦荟大黄素的出峰顺序。
2. 为什么在流动相中加入磷酸？
3. 梯度洗脱的优点。

实验三十五　液相色谱-质谱联用测定食品中苯甲酸、山梨酸的含量

一、实验目的

1. 了解液相色谱-质谱联用仪的基本原理和基本结构。
2. 掌握液相色谱-串联质谱联用仪进行定性分析的基本操作。
3. 学习防腐剂含量的测定方法。

二、实验原理

苯甲酸和山梨酸是很多食品中常用的有机酸类防腐剂，对霉菌等微生物有抑制作用。苯甲酸作为含有苯环的化合物，会在体内有一定的积累，对身体造成一定的损害。山梨酸是一种不饱和脂肪酸，毒性虽然比苯甲酸小，但是，过量、长期使用也会加重肾脏、肝脏负担，造成损害。我们国家在食品标准中规定，苯甲酸、山梨酸在碳酸类饮料中的加入量不超过 0.2μg/kg。

食品样品制备复杂，基体干扰严重，因此对分析方法的选择性和灵敏度要求很高。液相色谱-串联质谱联用仪是高性能的分析仪器，多级质谱，如三重四极杆质谱中有两个质谱分析器和一个碰撞反应器，第一个质谱可获得分子离子峰信息，经反应器后，分子离子峰进一步形成离子碎片，进入到二级质谱中检测。可以极大地排除基体干扰，具有很高的选择性，同时也提高了信噪比，使检测灵敏度得到了很大提高。因此，用于复杂样品中目标物的检测

准确度和灵敏度都有一定的保证。

三、仪器与试剂

1. 仪器

高效液相色谱-串联质谱联用仪〔配有电喷雾离子源（ESI）〕，离心机，氮吹仪，水平振荡器，真空过柱装置，色谱柱。

2. 试剂

苯甲酸（分析纯），山梨酸（分析纯），乙酸铵（分析纯），甲醇（色谱纯），食品（购于食品店），超纯水。

四、实验步骤

1. 设定色谱分析条件

C_{18} 反相柱，4.6mm（内径）×150mm（柱长），粒径 $10\mu m$；流动相，甲醇∶乙酸铵水溶液（0.02mol/L）=5∶95，等度洗脱；流速，0.2mL/min；柱温，30℃；进样量，$20\mu L$。

2. 设定质谱分析条件

电喷雾离子化离子源（ESI），电喷雾电压，3.5kV；毛细管电压，3.5kV，干燥气，N_2；干燥温度，300℃；流速，10.0mL/min；扫描方式，单级扫描；离子极性，负离子；扫描范围（m/z），100～150，苯甲酸、山梨酸质核比分别选择为 121、111。

3. 样品处理

① 食品：称取粉碎均匀样品 2～3g（精确至 0.01g）于小烧杯中，将样品移入 25mL 容量瓶中，用 20mL 水分数次清洗小烧杯，加入 2mL 10％亚铁氰化钾溶液，再加入 2mL 20％乙酸锌溶液，超声振荡提取 15min，取出后用水定容至刻度，移入高速离心管中，超速离心 5min，吸出上清液过 $0.25\mu m$ 微孔滤膜备用。

② 碳酸饮料、葡萄酒等液体样品：含有乙醇的样品需要水浴加热除去乙醇后再加水定容至原体积。称取 10g 样品（精确至 0.01g）于 25mL 容量瓶中，用氨水（1∶1）调节 pH 值至中性，用水定容至刻度，混匀，经 $0.25\mu m$ 微孔滤膜过滤，滤液待上机分析。

③ 牛奶、植物蛋白饮料等含蛋白质较多的样品：称取 10g 样品（精确至 0.01g）于小烧杯中，将样品移入 25mL 容量瓶中，用 20mL 水分数次清洗小烧杯，加入 2mL 10％亚铁氰化钾溶液，再加入 2mL 20％乙酸锌溶液，超声振荡提取 15min，取出后用水定容至刻度，移入高速离心管中，超速离心 5min，吸出上清液过 $0.25\mu m$ 微孔滤膜备用。

4. 分析过程

① 定性分析：取一定量混合标准溶液（苯甲酸、山梨酸）和样品溶液，稀释至中性，过滤后进液相色谱质谐联用仪检测，根据保留时间和 m/s 进行定性。

② 定量分析：按照实验内容确定的液相色谱-串联质谱条件测定样品和混合标准工作溶液，以色谱峰面积按标准加入法定量。

③ 空白实验：除不加试样外，均按照上述测定步骤进行。

④ 实验结束后，以纯乙腈冲洗色谱柱 15min。实验结束后，依次关闭色谱工作站、检测器、色谱泵等各部分电源。

五、数据记录与处理

1. 对质谱数据进行解析。

2. 绘制工作曲线。

3. 对照测试结果，讨论实验过程中可能导致误差的原因。

1. 液相色谱-质谱联用仪属于贵重精密仪器，必须严格按操作手册规定操作。
2. 禁止样品直接测定，至少使用 $0.25\mu m$ 滤膜过滤样品。

七、问题与讨论

1. 质谱如何定性和定量？
2. 影响色谱分离度的因素有哪些？哪个影响因素最大？
3. 电喷雾离子源原理。

实验三十六　黏度法测定高聚物的分子量

一、实验目的

1. 掌握毛细管黏度计测定高聚物分子量的原理。
2. 学会用黏度法测定特性黏度。
3. 通过对聚乙烯醇水溶液黏度的测定来反映聚乙烯醇的分子量。

二、实验原理

分子量是高聚物的重要参数之一，它对高聚物力学性能、溶解性、流动性有很大影响，因此通过测定分子量及分子量分布可以进一步了解高聚物的性能，用它来指导控制聚合物生产条件，以获得需要的产品。

线型聚合物溶液的基本特性之一是黏度比较大，并且其黏度值与分子量有关，因此可利用这一特性测定聚合物的分子量。黏度法测定高聚物分子量，设备简单，操作便利，又有较好的实验精确度。同时，这一方法一旦经验常数被确定，就能适用于各种分子量测定范围，是高聚物生产和科研中用得最广泛、最常用的方法。

高分子溶液的黏度比纯溶剂的黏度要大得多，溶液的黏度除了与聚合物的分子量有密切关系外，还对溶液浓度有很大的依赖性。所以用黏度法测定聚合物的分子量时要消除浓度对黏度的影响。常以两个经验式（Huggins 方程式和 Kraemer 方程式）表达黏度对浓度的依赖关系：

$$\frac{\eta_{sp}}{c} = [\eta] + k[\eta]^2 c \tag{1}$$

$$\ln\eta_r = [\eta] - \beta[\eta]^2 c \tag{2}$$

式中，η_{sp} 为溶液的增比黏度；η_r 为溶液的相对黏度；k 和 β 均为常数，其中 k 为 Huggins 参数。

若以 η_0 表示纯溶剂的黏度，η 表示溶液的黏度。则

$$\eta_r = \eta/\eta_0 \tag{3}$$

$$\eta_{sp} = \frac{\eta - \eta_0}{\eta_0} = \eta_r - 1 \tag{4}$$

$$\lim_{c \to 0} \frac{\eta_{sp}}{c} = \lim_{c \to 0} \frac{\ln\eta_r}{c} = [\eta] \tag{5}$$

$[\eta]$ 就是高分子溶液的特性黏度，与溶液浓度无关。单位可与浓度的单位相对应，通常是 mL/g 或 dL/g。

大部分线形柔性链高分子/良溶剂体系在稀溶液范围都满足式（1）和式（2）。所以按式

（1）、式（2）用 η_{sp}/c 对 c 和 $\ln\eta_r/c$ 对 c 作图，外推到 $c \to 0$ 所得的截距应重合于一点，即 $[\eta]$ 值（图1）。

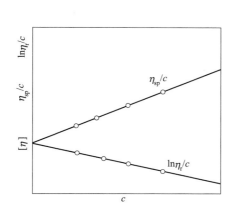

图1　求取特性黏度示意图

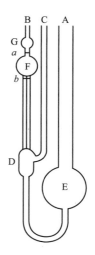

图2　乌氏黏度计

高聚物的特性黏度与分子量的关系，还与大分子在溶液里的形态有关。一般大分子在溶液中卷得很紧，当流动时，大分子中的溶剂分子随大分子一起流动，则大分子的特性黏度与其分子量的平方根成正比；若大分子在溶液中呈完全伸展和松散状，当流动时，大分子中溶剂分子是完全自由的，此时大分子的特性黏度与分子量成正比，而大分子的形态是大分子链段和大分子或溶剂分子之间相互作用力的反映。因此，特性黏度与黏均分子量的关系随所用溶剂、测定温度不同而不同，目前常采用一个包含两个参数的经验式（6）来表示

$$[\eta] = kM_v^\alpha \tag{6}$$

方程式中，k、α 是与聚合物种类、溶剂体系、温度范围等有关的常数。因此，通过求得特性黏度，就可以再利用式（6）求得黏均分子量。

一般用黏度表征高聚物溶液在流动过程中所受阻力的大小。相对黏度的测定是采用乌式黏度计（图2）。以 V 表示时间 t 内流经毛细管的溶液体积，P 为压力差，R 为毛细管半径，L 为毛细管的长度，η 为流体黏度。在 t 时间内经毛细管的溶液体积 V：

$$V = \frac{\pi R^4 P t}{8\eta L} \tag{7}$$

因 $P = \rho h g$（ρ 为流体密度，g 为重力加速度，h 为液柱高），所以

$$\eta = \frac{\pi R^4 \rho h g t}{8LV} \tag{8}$$

实际上毛细管的半径与长度的测量较困难，故实测时都是求溶液黏度与溶剂黏度的比值，即相对黏度 η_r。当用同一支黏度计时，测定的溶液与纯溶剂的体积不变，即 $V_{溶液} = V_{溶剂}$。所以

$$\frac{\rho_0}{\eta_0} t_0 = \frac{\rho}{\eta} t \tag{9}$$

因为高聚物溶液黏度的测定，通常在极稀的浓度下进行，所以溶液和溶剂的密度近似相等，$\rho = \rho_0$，因此相对黏度可以改写为

$$\eta_r = \frac{\eta}{\eta_0} = \frac{t}{t_0} \tag{10}$$

式（10）必需符合下列条件：①液体的流动没有湍流；②液体在管壁上没有滑动；③促使流动的力，全部用于克服液体间的内摩擦；④末端校正在 L/R 较大的情况下可以不计。对于一般毛细管黏度计，若考虑其促使流动的力，除克服其流动内摩擦外，尚有部分消耗于液体流动时的动能，这部分能量的消耗量需予以校正。

当选择的乌氏黏度计 $t_0 > 100s$ 时，动能校正值很小，可以忽略不计，则 $\eta_r = \frac{t}{t_0}$。

此外，还可以用一点法来测量黏均分子量。一点法中直接应用的计算公式很多，比较常用的是程镕时公式：

$$[\eta] = \frac{\sqrt{2(\eta_{sp} - \ln\eta_r)}}{c} \tag{11}$$

由式（1）减去式（2）得

$$\frac{\eta_{sp}}{c} - \frac{\ln\eta_r}{c} = (k+\beta)[\eta]^2 c \tag{12}$$

当 $k+\beta = \frac{1}{2}$ 时即得程氏公式(11)。

从推导过程可知，程氏公式是在假定 $k+\beta = \frac{1}{2}$ 时或者 $k \approx 0.3 \sim 0.4$ 的条件下才成立。因此在使用时体系必须符合这个条件，而一般在线形高聚物的良溶剂体系中都可满足这个条件，所以应用较广。

许多情况下，尤其是在生产单位工艺控制过程中，常需要对同种类聚合物的特性黏度进行大量重复测定。如果都按正规操作，每个样品至少要测定 3 个以上不同浓度溶液的黏度，这是非常麻烦和费事的，在这种情况下，如能采用一点法进行测定将是十分方便和快速的。

三、仪器与试剂

1. 仪器

乌氏黏度计，计时用的秒表，25mL 容量瓶，分析天平，恒温槽装置（玻璃缸、电动搅拌器、调压器、加热器、继电器、接点温度计、50℃十分之一刻度的温度计等），玻璃砂芯漏斗，加压过滤器，50mL 针筒，50mL 烧杯，洗耳球，10mL 移液管。

2. 试剂

聚乙烯醇样品，去离子水。

四、实验步骤

1. 纯溶剂流出时 t_0 的测定

将干净烘干的黏度计，用去离子水洗 2～3 次，再固定在恒温（30±0.1）℃水槽中，使其保持垂直，并使 F 球全部浸泡在水中并过 a 线，然后将纯溶剂去离子水从 A 管加入 10～50mL 左右，恒温 10～15min，开始测定。闭紧 C 管上的乳胶管，用吸耳球从 B 管将纯溶剂吸入 G 球的一半，拿下洗耳球打开 C 管，记下纯溶剂流经 a、b 刻度线之间的时间为 t_0。重复三次测定，每次误差＜0.2s，取三次的平均值。

2. 溶液流出时间 t 的测定

取洁净干燥的聚乙烯醇试样，在分析天平下准确称取 0.05g，溶于 50mL 烧杯内（加去离子水 10mL 左右），微微加热，使其完全溶解，但温度不宜高于 60℃，待溶质完全溶解后用砂芯漏斗滤至 25mL 容量瓶内，（用去离子水将烧杯洗 2～3 次滤入容量瓶内）。恒温 15min 左右，用准备好的纯溶剂稀释到刻度，反复摇均匀，再加入黏度计内（10mL）。恒温 10～15min 即测定，测定方法同测定溶剂一样。

3. 稀释法测一系列溶液的流出时间

因液柱高度与 A 管内液面的高低无关。因而流出时间与 A 管内试液的体积没有关系，可以直接在黏度计内对溶液进行一系列的稀释。用移液管依次加入去离子水 10mL 三次，使溶液浓度变为起始浓度的 1/2、1/3、1/4。加溶剂后，必须用针筒鼓泡并抽上 G 球三次，使其浓度均匀，抽的时候一定要慢，不能有气泡抽上去，待温度恒定才进行测定。

五、数据记录与处理

测得数据记入表 1。

表 1　黏度法测定高聚物分子量

系列溶液		t_0	t_1	t_2	t_3	t_4
流出时间 t/s	1					
	2					
	3					
平均时间 t_i/s						
$c_i/(\text{g/mL})$						
$\eta_r = \dfrac{t_i}{t_0}$						
$(\ln\eta_r/c)/(\text{mg/g})$						
η_{sp}						
$(\eta_{sp}/c)/(\text{mg/g})$						

六、问题与讨论

1. 用黏度法测定聚合物分子量的依据是什么？
2. 用一点法测分子量有什么优越性？
3. 资料里查不到 K、α 值，如何求得 K、α 值？

实验三十七　扫描电子显微镜观察碳纳米管的表面形貌

一、实验目的

1. 了解扫描电子显微镜的原理。
2. 掌握扫描电子显微镜的基本结构和操作。
3. 学习使用扫描电子显微镜观察样品的微观结构。

二、实验原理

扫描电子显微镜（Scanning Electron Microscopy，SEM）是一种介于透射电子显微镜和光学显微镜之间的一种观察手段。其利用聚焦很窄的高能电子束来扫描样品，通过光束与物质间的相互作用，来激发各种物理信息，对这些信息收集、放大、再成像以达到对物质微观形貌表征的目的。扫描电子显微镜具有景深大、分辨率高、成像直观、立体感强、放大倍数范围宽以及待测样品可在三维空间内进行旋转和倾斜等特点。另外具有可测样品种类丰富，几乎不损伤和污染原始样品以及可同时获得形貌、结构、成分和结晶学信息等优点。目前，扫描电子显微镜已被广泛应用于生命科学、物理学、化学、地球科学、材料学以及工业生产等领域的微观研究。

近年来，由于人们对材料学的广泛关注，扫描电子显微镜也成为材料学不可缺少的测试手段之一，扫描电子显微镜可放大到 20 万倍，分辨率可达到 0.5nm。扫描电子显微镜的各项性能也尤为突出，特别是在材料学中的 SEM 与 X 射线能谱（Electronic Differential System，EDS）的联用受到研究者的认可，可对样品进行化学成分定量分析。

扫描电子显微镜是一个复杂的系统，浓缩了电子光学技术、真空技术、精细机械结构以及现代计算机控制技术。扫描电镜是在加速高压作用下将电子枪发射的电子经过多级电磁透镜汇集成细小的电子束。在试样表面进行扫描，激发出各种信息，通过对这些信息的接收、放大和显示成像，以便对试样表面进行分析。入射电子与试样相互作用产生各种信息，这些信息的二维强度分布随试样的表面特征（表面形貌、成分、晶体取向、电磁特性等）而变，将各种探测器收集到的信息按顺序、成比率地转换成视频信号，再传送到同步扫描的显像管并调制其亮度，就可以得到一个反应试样表面状况的扫描图。

图 1 是常用扫描电子显微镜的原理示意图。电子从热阴极电子枪中发射出来，进入到电场中，在电场力的作用下不断加速，同时经过 3 个投射电磁透镜的协调作用，电子运动到样品表面附近时已经变为非常细的、高速的电子束（最小直径只有几纳米）。该电子束经过样品上方扫描线圈的作用，对样品表面进行扫描。高能、高速的电子束轰击样品表面，与其发生作用，激发出蕴含各种不同信息的物理信号，其强度随样品表面形貌、特征和电子束强度的变化而变化。收集样品表面各种各样的特征信号，根据不同要求，对其中的某些物理信号进行检测、放大等处理。改变加在阴极射线管（Cathode Ray Tube，CRT）两端的电子束强度，使在 CRT 荧光屏上显示能够反映样品表面某些特征的扫描图像。

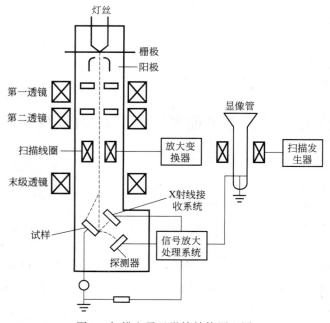

图 1　扫描电子显微镜结构原理图

扫描电镜要求样品必须是固体，无毒、无放射性、无污染、无水分，成分稳定，块状样品大小要适中，粉末样品要进行特殊处理，不导电的和导电性能差的样品要进行喷金处理。导体样品一般不需要任何处理就可以进行观察。扫描电镜对样品的厚度无苛刻要求。聚合物的样品在电子束作用下，特别是进行高倍数观察时，也可能出现熔融或分解现象。在这种情况下，也需要进行样品复型。但由于对复型膜厚度无要求，其制作过程也就简单了很多。

扫描电镜的上述优点，使其在材料形态研究中的应用越来越广泛。目前可以用于研究试样表面的凹凸和形状及表面的组成分布；可测量发光性样品的结构缺陷；可进行杂质的检测及生物抗体的研究；也可用于观察增强高分子材料中填料在聚合物中的分布、形状及黏结情况，等等。

三、仪器与试剂

1. 仪器

ZEISS Gemini-500 型扫描电子显微镜。

2. 试剂

碳纳米管粉体。

四、实验步骤

① 安装样品。用牙签粘取粉末粘于导电胶上。然后用气泵吹拭样品以除去未粘牢的样品。金属、岩石等样品尽量粉碎。测试样品尽量保持高度一致。

② 电镜一般处于开机状态，不用再重新进行开机。打开电镜测试界面。点击 SEM control 页面右下角 Vent 键，释放气体，降低样品室压力。大约 2min 后，压力降到大气压，打开舱门。

③ 将样品台缓慢置于样品室的底座上，有平截面的一端置于样品室里边。

④ 抽真空。点击 Pump 键，开始抽真空。此时，右下角会有一个时间显示。大约 5～10min 后，抽真空结束。真空显示小于 5×10^{-5} mbar。

⑤ 加高压。点击 EHT ON 键，开始施加高压。右下角也会出现一个时间显示。1～2min 后加高压完成。

⑥ 开始测试。升高样品台，寻找样品。

⑦ 逐步放大图像倍数，同时调节聚焦旋钮，使样品边界清楚，再调节像散、对比度、明亮度等旋钮，找到最佳图像。

⑧ 降噪，冷冻图像，保存图像。

⑨ 能谱分析。打开 Remcon32 按钮，连通扫描电镜和能谱仪，同时点击 Open Port 键。用 Espit 2.1 按钮打开能谱仪。选择"选区""线扫""面扫"等按钮。然后采集新图，采集。添加报告，输出报告。

⑩ 测试完毕，首先卸掉高压，然后降低气体压力，取出样品台，关闭舱门，最后再次抽真空。

五、数据记录与处理

在实验指导教师的指导下完成分析结果。碳纳米管样品的扫描电镜照片如图 2 所示。

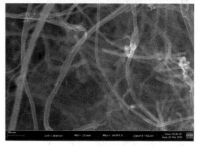

图 2　碳纳米管的扫描电镜照片

1. 扫描电子显微镜的基本原理是什么？

2. 使用扫描电子显微镜对样品有什么样的要求？

实验三十八　透射电镜观察碳纳米管精细结构

一、实验目的

1. 认知透射电子显微镜成像的基本原理，了解有关仪器的主要结构。

2. 了解透射电子显微镜样品制备的方法。

3. 以碳纳米管材料为样品，学习并掌握利用此项电子显微技术观察、分析物质结构的方法。

二、实验原理

透射电子显微技术自 20 世纪 30 年代诞生以来，经过数十年的发展，现已成为材料、化学、化工、物理、生物等领域科学研究中，物质微观结构观察、测试十分重要的手段，尤其是近 20 多年来，纳米材料研究的快速发展又赋予这一电子显微技术以极大的生命力，可以这样说，没有透射电子显微镜，就无法开展纳米材料的研究。

透射电子显微镜（Transmission Electron Microscope，简称 TEM）在成像原理上与光学显微镜是类似的，所不同的是光学显微镜以可见光做光源，而透射电子显微镜则以高速运动的电子束为"光源"。在光学显微镜中，将可见光聚焦成像的是玻璃透镜；在电子显微镜中，相应的电子聚焦功能的是电磁透镜，它利用了带电粒子与磁场间的相互作用，如图 1 所示。

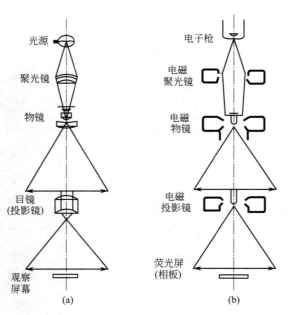

图 1　光学显微镜（a）和透射电子显微镜（b）的结构及成像原理对比图

透射电镜的总体工作原理是：由电子枪发射出来的电子束，在真空通道中沿着镜体光轴穿越聚光镜，通过聚光镜将之会聚成一束尖细、明亮而又均匀的光斑，照射在样品室内的样品上。透过样品后的电子束携带有样品内部的结构信息，样品内致密处透过的电子量少，稀疏处透过的电子量多。经过物镜的会聚调焦和初级放大后，电子束进入下级的中间透镜和第1和第2投影镜进行综合放大成像，最终被放大了的电子影像投射在观察室内的荧光屏板上。荧光屏将电子影像转化为可见光影像以供使用者观察。

透射电子显微镜由三大部分组成：①电子光学系统（镜体）；包括照明源（电子枪聚光镜）、成像系统（样品镜、物镜、中间镜、投影镜）、观察记录系统；②真空系统；③电源与控制系统。

（1）电子光学系统

TEM照明源：照明系统包括电子枪和聚光镜2个主要部件，它的功能主要在于向样品及成像系统提供亮度足够的光源和电子束流，对它的要求是输出的电子束波长单一稳定，亮度均匀一致，调整方便，像散小。

TEM成像系统由物镜、中间镜、投影镜、样品室构成。

① 物镜成一次像，决定透射电镜的分辨本领。要求它有尽可能高的分辨本领、足够高的放大倍数和尽可能小的相差。通常采用强激磁、短焦距的物镜，放大倍数较高，一般为100～300倍。目前高质量物镜分辨率可达0.1nm左右。

物镜是一块强磁透镜，焦距很短，对材料的质地纯度、加工精度、使用中污染的状况等工作条件都要求极高。致力于提高一台电镜的分辨率指标的核心问题，便是对物镜的性能设计和工艺制作的综合考核。尽可能地使之焦距短、像差小，又希望其空间大，便于样品操作，但这中间存在着不少相互矛盾的环节。

② 中间镜成二次像。中间镜是一个弱激磁的长焦距变倍透镜，可在0～20倍范围调节。当放大倍数大于1时，用来进一步放大物镜像。当放大倍数小于1时，用来缩小物镜像。对中间镜和投影镜这类放大成像透镜的主要要求是：在尽可能缩短镜筒高度的条件下，得到满足高分辨率所需的最高放大率，以及为寻找合适视野所需的最低放大率。可以进行电子衍射像分析，做选区衍射和小角度衍射等特殊观察。同样也希望它们的像差、畸变和轴上像散都尽可能小。

③ 投影镜短焦距强磁透镜，最后一级放大像，最终显示在荧光屏上，称为三级放大成像。具有很大的场深和焦深。样品在物镜的物平面上，物镜的像平面是中间镜的物平面，中间镜的像平面是投影镜的物平面，荧光屏在投影镜的像平面上。三级放大倍数为：$M = M1 \times M2 \times M3$，其中M1、M2、M3分别为物镜、中间镜、投影镜的放大倍数。物镜和投影镜的放大倍数固定，通过改变中间镜的放大倍数来改变透射电镜的总放大倍数，放大倍数越大成像亮度越低，成像亮度与放大倍数的平方成反比。

（2）真空系统

电镜镜筒内的电子束通道对真空度要求很高，电镜的真空度一般应保持在10^{-5}托以上，因为镜筒中的残留气体分子如果与高速电子碰撞，就会产生电离放电和散射电子，从而引起电子束不稳定，增加像差，污染样品，并且残留气体将加速高热灯丝的氧化，缩短灯丝寿命。获得高真空是由各种真空泵来共同配合抽取的。

测试结果（图像）记录装置为CCD（Charge Coupled Device）数码专用相机。透射电子显微镜中常配有元素分析仪器，如EDS（亦称EDX，Energy Dispersive Spectroscopy of X-rays），相似于扫描电子显微镜中的元素分析装置。透射电子显微镜中还可配有名为能量损失谱EELS（Electron Energy Loss Spectroscopy）的元素分析仪器，它通过分析以非弹性散射作用透过样品的电子能量变化，从而判定样品的成分，它还可给出元素的电子层状态等信息。

各类透射样品制备工艺如下：

（1）粉末透射样品制备流程

对于常见的粉末样品，选择合适的分散剂将样品超声分散制成胶体或悬浊液后，滴加至专用铜网上，铜网附有担载膜（可分为普通碳支持膜、超薄碳膜、普通微栅支持膜）。

（2）块状透射样品制备工艺

对于非超细粉末样品，如较大块状高分子、陶瓷和金属等材料，由于它们的高厚度，是无法直接进行检测的。因此，必须进行试样的超薄化预处理，主要方法包括切片、离子减薄等。

（3）薄膜透射样品制备工艺

对于薄膜样品，同样由于它们的高厚度，是无法直接进行检测的。因此，必须进行试样超薄化预处理，主要方法包括切片、离子减薄等。

（4）高分子或者生物样品制备工艺

对生物样品和高分子等软材料，用超薄切片仪可切割达到电镜观察要求的超薄切片。

三、仪器与试剂

1. 仪器

JEM-2100 型透射电镜，移液枪。

2. 试剂

碳纳米管粉体，无水乙醇。

四、实验步骤

1. 超声分散

取多壁碳纳米管 0.01g，加入到 2mL 乙醇中，摇匀并置于超声清洗器中，超声处理 3min，形成具有较好分散性的悬浊液。

2. 制样

用 $10\mu L$ 移液枪吸取一滴上述悬浊液样品滴加到涂覆有普通碳支持膜、超薄碳膜、普通微栅的铜网上，在红外灯下烘干 15min，然后备用。

3. 检查仪器状态

实验室环境离子泵真空度必须优于 4×10^{-5}Pa；电子枪、镜筒、照相室、储气罐真空状态必须显示为 READY；冷却水箱的温度，包括进水口（左）、出水口（右）均必须在 $17.5\sim18.5$℃之间；电脑操作界面无警报提示；室内温度在 $17\sim25$℃之间，湿度在 60% 以下。

4. 升电压

点击升电压按钮的 ON 键，开始升电压。升电压时必须注意 Beam current 的稳定性，当每步完成时的 Beam current 超过对应值（即高压箱放电）时，必须等 Beam current 自我恢复到对应值并稳定一段时间才能进行下一步操作。

5. 加冷阱液氮和谱仪液氮

分两次加冷阱液氮，先加入少量（1/3 瓶热水瓶）预冷，待冷阱温度稳定后再加满，此后每隔 $3\sim4$h 加一次液氮（直接加满）。

6. 装样、进样

将装有铜网的样品杆插入样品室，打开预抽开关至绿灯亮，然后顺时针转→推→转样品杆，最后缓慢送入观察位置。

7. 加灯丝（发射电流）

点击 Filament ON 加灯丝。加灯丝前须确保 Beam current 在 $101\mu\text{A}$ 左右，离子泵真空度优于 $2\times10^{-5}\,\text{Pa}$。

8. 普通形貌观察

低倍下，按 LOW MAG 找到样品，切换到放大模式（MAG），用 MAG/CMAN 调节放大倍数。放大倍数调至 40K，自动聚焦（按一下 STD FOCUS）。

调 Z 轴高度（法一：按 IMAGE WOBB X 用上下三角符号调节，至图像不晃动。法二：将光斑 Brightness 调小，调节高度至只剩一明亮光斑）。

聚焦（OBJ FOCUS，旋转 COARSE 粗调、FINE 细调）。

拍照（按 F1 升降荧光屏，动态采集，聚焦后冻结即可）。

保存图像。

9. 高分辨像

检查电压中心：将放大倍数调至 400K，光斑散开，按 HT WOBB 检查电压中心是否对中（图像有无左右上下晃动，有晃动则电压中心没有对中）。如电压中心没有对中，按 BRIGHT TILT，用 DEF/STIG X、Y 调节，再关闭 HT WOBB。

消像散：一般用 CCD 观察操作，选择非晶区域，按 OBJ STIG，用 DEF/STIG X、Y 调节至图像无流沙形貌或 FFT 出现傅立叶环。

找到样品放大、聚焦、拍照。

10. 电子衍射

在 SAMAG 模式下找到样品，加上选区光阑，切换到 SADIFF 模式，调节亮度 Brightness、聚焦 Diff Focus，按 PLA 用 DEF/STIGX、Y 调节衍射斑点的位置。并旋转挡针挡住最亮点进行拍照。

11. 成分分析

找到样品，将需要测试的区域移动到荧光屏中间，适当调整放大倍数，将光斑缩小到该区域。点击探测器控制，打开自动快门。

点击采集谱图，通过改变"处理时间"，将"死时间"控制在 30%。

采集完，点击确认元素，通过双击元素周期表上的元素添加或删除元素。

12. 输出报告

将数据导出建成 word 文档，此外可在谱图上点击右键选择 EMSA 输出原始数据。

13. 关灯丝（发射电流）

将放大倍数调到 40K，光斑散开，点击 Filament OFF。

14. 降电压

关闭灯丝，点击 HT 按钮中的 OFF 键降低电压。

15. 取出样品，实验结束。

五、数据记录与处理

1. 将获取的照片（emd 格式）转化为 JPG 或 TIFF 格式，用光盘导出。

2. 利用照片上标出的比例尺等信息分析碳纳米管的形貌、直径和分散性；分析高分辨图像中晶格条纹间距；分析 Mapping 和 EDS。样品形貌和精细结构如图 2 所示。最后完成实验报告。

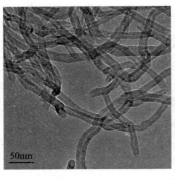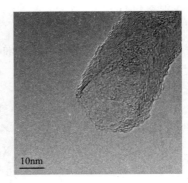

图 2　碳纳米管样品形貌和精细结构

六、问题与讨论

1. TEM 材料分析测试中有哪些应用？

2. TEM 仪器主要由哪些部件组成？

实验三十九　Gaussian09 软件的使用及乙腈红外光谱的模拟

一、实验目的

1. 学习用 GaussView 构建分子结构初猜，并用 Gaussian09 优化构型。

2. 掌握从输出文件查找所需数据，会用 Origin 等软件绘制 IR 图。

3. 了解简正振动频率的振动模式指认。

二、实验原理

量子化学计算一般不依赖实验数据，给出初猜结构即可通过结构优化获得所需的物理化学参数。在众多量子化学计算软件和动力学模拟软件中，Gaussian 系列软件是功能强大的量子化学综合计算包，它的开发起步早且使用简便，一直以来被看成是量子化学计算软件的鼻祖，也是从事量子化学计算的入门软件。Gaussian94 和 Gaussian98 作为免费软件，逐渐被中国大陆化学家接受和使用，并很快流行起来。从 Gaussian03 开始完全成为收费软件，目前流行的是 Gaussian09 和 Gaussian16 各版本。

Gaussian 系列软件在结构优化时需进行频率验证，会自动给出谐振频率（或称简正振动频率），一般情况下被看作红外光谱数据。注意谐振频率不是实验可观测的量而只是个概念，但可以通过一定手段将实验数据转化得到。因此，红外光谱是其输出文件的基础数据，是结构优化的副产品，在 Gaussian 输出文件中以简正振动频率体现。

N 个原子的分子具有 $3N$ 个自由度，由化学键结合成一个整体。分子的质心运动有 3 个平动自由度，此外非线型分子有 3 个转动自由度[1]，线型分子有 2 个转动自由度。因此非线型分子的振动有 $(3N-6)$ 个自由度，线型分子有 $(3N-5)$ 个自由度。每一个振动自由度对应于一个基本振动，这些基本振动称为简正振动。

分子的简正振动方式虽然很复杂，但原则上任何简正振动都可以归属于 6 种振动模式[2,3]。以亚甲基为例[4]，6 种简正振动模式示于图 1。

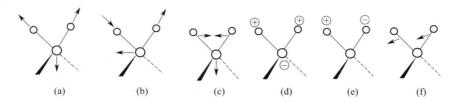

图 1　亚甲基（a）的对称伸缩振动（b）不对称伸缩振动
（c）面内弯曲或剪式振动（d）面内摇摆振动（e）面外摇摆振动（f）扭曲振动

三、计算方法

1. 方法和基组的选择

B3LYP 泛函优化速度快，兼具效率和精度，自提出以来已应用于各种体系。它目前仍是流行最广、最具有普适性的密度泛函方法，在进行 D3 色散校正之后，也可以很好地描述弱相互作用。振动频率的计算并非理论级别越高越好，B3LYP 方法在计算红外光谱方面表现出色，可以和从头算等高级别方法媲美。使用 B3LYP/6-31G * 结合频率校正因子就能得到很好的计算结果，计算量小，而且比起其他多数方法（哪怕是更昂贵的）经过校正后的结果更好。

2. 频率校正因子

为得到更准确的频率值，多个课题组拟合了较为准确的校正因子。对于本实验的计算方法，可采用 Moran 和 Radom[5] 拟合的校正因子，零点能（ZPE）校正因子为 0.9813，基频校正因子为 0.9613。量子化学计算的首要目标是获得更准确的能量，在大多数情况下，输出的谐振频率只是副产品，因此本实验采用 ZPE 校正因子 0.9813 修正频率，Gaussian09程序在进行频率验证时输入 Scale＝0.9813 关键词来实现。有关谐振频率校正因子的详细介绍请阅读卢天博士的帖子《谈谈谐振频率校正因子》和《各来源谐振校正因子汇总表格》。

四、实验步骤

1. 输入文件的构建

打开 GaussView，选择氰基 cyano，再点击主界面，输入 —C≡N ，不饱和键自动以 H 补足，形成 H—C≡N ，如图 2 所示；点击 Element Fragment 选择元素，默认为 Carbon Tetrahedral，单击主界面 H—C≡N 中的 H 原子，替换 H 为甲基（如图 3），构建乙腈初猜结构完成。如想对键长、键角等参数进行调节，或构建更复杂的分子结构，请参阅相关说明书。

新建一个文件夹，如 D:\IR\，从 GaussView 主控菜单（或在主界面右击）依次点击File→Save，保存初猜结构为 Gaussian 输入文件，如 D:\IR\CH3CN.gjf，文件类型默认为Gaussian 输入文件 * . gjf。推荐勾选 Write Cartesians 把原子坐标保存为直角坐标形式。用记事本打开刚刚保存的 CH3CN. gjf 文件，去掉原子坐标后面的数字，修改输入文件如下：

```
%chk＝D:\IR\CH3CN. chk
%mem＝1300MB
# opt B3LYP/6-31G *  freq Scale＝0. 9813 optcyc＝133
Title Card Required
0 1
C                    0.27298850   －0.31609195      0.00000000
```

N	1.43298850	−0.31609195	0.00000000
C	−1.26701150	−0.31609195	0.00000000
H	−1.62367785	0.15751357	0.89072270
H	−1.62367785	0.21849356	−0.85551590
H	−1.62367836	−1.32428302	−0.03520681

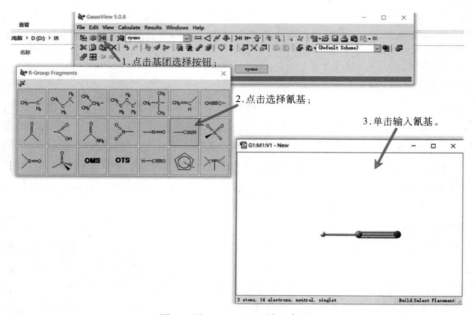

图 2　用 GaussView 输入氰基

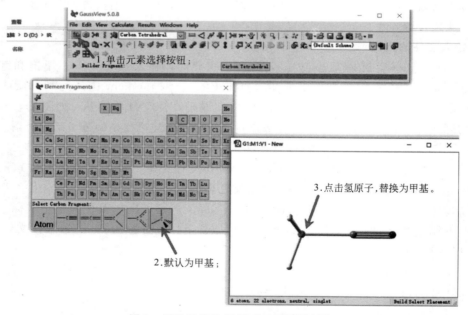

图 3　用甲基替换 H 形成乙腈初猜结构

第一行 "％chk＝D:\IR\CH3CN.chk" 指定检查点文件的位置和名称，如未指定路径则保存在默认位置（如 C:\G09W\Scratch\），本任务中可把此行删除。%mem 用于指定调用的内存，Windows 版 Gaussian 程序最多调用 1300MB，在电脑配置低的情况下，设置的内存不要超过电脑内存的一半为最佳。可随意修改 Title Card Required 以便标记或记录一些信息。原子坐标前的数字"0 1"代表分子整体的电荷和自旋多重度。读者可自行查阅各部分的意义。

2. 结构优化

打开 Gaussian09 程序图形界面，打开编辑好的 CH3CN.gjf 文件，运行。运行过程仅需几十秒，电脑配置不同会稍有差异。程序运行结束出现"Normal termination of Gaussian 09 at"的提示，此时才可以关闭 Gaussian 程序。

计算完成后，在 D:\IR\产生输出文件 CH3CN.out，里面记录优化过程及优化结束的能量、频率等基本信息。

3. 注意事项

为避免后处理过程中出现不必要的报错，应注意以下几点并养成良好习惯：①关闭杀毒软件等无关程序，以防对程序运行构成干扰；②最好不要把文件储存在根目录下；③文件路径和文件名中不可出现中文字符和空格，一些特殊字符也要尽量避免；④输入文件末最好留数行空行，以防个别计算级别和体系出现问题。

五、数据记录与处理

1. 计算结果的查看

用写字板打开输出文件，找到频率输出部分，其中包含谐振频率（cm^{-1}）以及对应的不可约表示、折合质量、力常数、IR 强度（km/mol）、简正坐标等信息。

用 GaussView 打开输出文件，依次点击 Results→Vibrations 打开频率列表界面，单击 Start Animation 可查看每个频率的振动模式。点击 Spectrum 查看 IR 谱图，如图 4 所示。

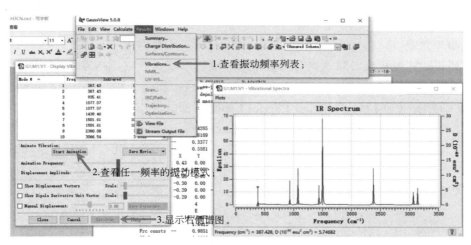

图 4 用 GaussView 查看乙腈各振动模式及 IR 谱图

2. 谱图后处理

在 GaussView 显示的谱图上右击，点击"Save Data"保存光谱数据以用于后处理，本实验以 OriginPro 为例。打开 Origin，导入保存有光谱数据的 txt 文本文件，选定前两列作为 X 轴和 Y 轴绘制简单线图（Line Graph）。为符合实验上红外光谱图的表示习惯，作简单设置：①双击横坐标，使 ε［L/（cm·mol）］值由大到小排列，增量改为负值，使谱图上下颠倒，如设置 ε 值由 47 降为 −1，增量（Increment）设为 −10；②横坐标为波数（nm^{-1}），设置为由 3400 降到 100，增量为 −500；③由 GaussView 查看各频率的振动模式，在谱图上标注；④根据个人喜好可作其他设置，如图 5。

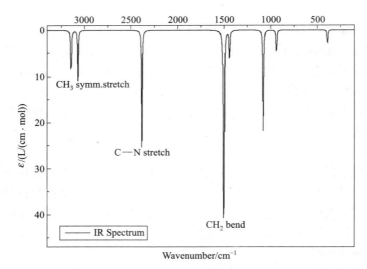

图 5　乙腈 IR 谱图及部分振动模式指认

六、问题与讨论

1. 用 Multiwfn 绘制乙腈的 IR 谱图。Multiwfn 为功能强大的免费波函数分析软件，可从官网免费下载。

2. CO_2 为线型分子，其简正振动模式有几个？请通过量子化学方法计算并进行振动模式指认。

七、参考文献

［1］潘道暟，赵成大，郑载兴. 物质结构［M］. 2 版. 北京：高等教育出版社，1989.

［2］Zhou Z Y，Cheng X L，Zhou X，et al. Vibrational mode analysis for the multi-channel reaction of CH_3O+CO［J］. Chemical Physics Letters，2002，353（3-4）：281-289.

［3］Cheng X L. Reaction mechanism of decomposition system of m-pyridyl radical：A theoretical investigation［J］. Journal of Molecule Structure（Theochem），2005，731（1-3）：89-99.

［4］程学礼. 多通道键断裂电子转移反应的理论研究［D］. 曲阜：曲阜师范大学，2002.

［5］Merrick J P，Moran D，Radom L. An evaluation of harmonic vibrational frequency scale factors［J］. Journal of Physical Chemistry A，2007，111（45）：11683-11700.

实验四十　荧光光谱的模拟及数据处理

一、实验目的

1. 掌握用 Gaussian09 软件模拟荧光光谱。

2. 掌握分子轨道的绘制和跃迁贡献比的计算。

3. 用 GaussView、Multiwfn、Origin 软件查看谱图并进行后续处理。

二、实验原理

理论计算激发能无非是计算垂直激发能和绝热激发能，这纯粹是理论物理学家和化学家假想出来的激发过程。垂直激发过程是假设跃迁前后分子结构不发生变化，计算最为简单，其数值又与实验测定的最大吸收峰近似对应，对于光谱的预测和指认非常有帮助，因此绝大多数激发态研究就是算垂直激发能。由于没考虑振动耦合，或者说实际过程不是绝对垂直，垂直激发能的计算往往会高估最大吸收峰位置 $0.1\sim0.3eV$。经常计算的荧光和磷光，通常就是计算激发态平衡结构下的垂直发射能。

计算激发态的各种方法都是基于某个结构，直接给出基态与各个激发态之间的电子能量差，比如 CIS、TDDFT、TDHF、ZINDO、EOM-CCSD、SAC-CI、LR-CC3、CASPT2 等。早期激发态的计算往往是半经验级别的，第一个激发态计算的标准方法是基于 HF 轨道做 CIS，它也是大多数激发态计算方法的根基，有尺寸一致性，但激发能的准确性还不够理想。目前最流行也是使用最多的是 TDDFT 方法，达到了精度与效率的较好平衡。然而，TDDFT 计算精度严重依赖于泛函，必须根据体系特征、激发类型选择合适的泛函才能得到不错的结果。

荧光发射可以看作是电子激发的逆过程，人们通常关注电子的价层激发。价层激发又可以进一步划分为局域激发（Local excitation，LE）和电荷转移激发（Charge-transfer excitation，CT）。某些类型的体系的 LE 和 CT 还可以进一步划分，比如过渡金属配合物，LE 激发可分为 metal-centered transition（MC）、intraligand 或 ligand-centered transition（LC）。CT 激发可以分为 metal-to-metal charge transfer（MMCT）、ligand-to-ligand charge transfer（LLCT）、metal-to-ligand charge transfer（MLCT）、ligand-to-metal charge transfer（LMCT）。

有关电子激发的类型和荧光光谱计算方面的知识，可以参阅计算化学公社卢天博士的帖子《Gaussian 中用 TDDFT 计算激发态和吸收、荧光、磷光光谱的方法》《图解电子激发的分类》和《乱谈激发态的计算方法》。

三、计算方法

1. 方法和基组的选择

影响 TDDFT 计算精度的关键有两点，一是泛函的选择，二是基组的选择。后 GGA Minnesota 泛函 M06-2X 含有高达 54％ 的 HF 成分，在优化主族元素体系和处理弱相互作用方面具有巨大优势。虽然它有高估价层单重态局域激发的激发能倾向，但在处理电荷转移激发、三重态价层局域激发时表现优异[1,2]。应采用尽量大的基组，def2-TZVP 在计算激发态和荧光光谱方面就已经完美了。然而实测单机优化乙醛基态结构就要耗时 11min，该基组水平下用 TD-M06-2X 计算发射光谱耗时会长得多，不适合作为学生实验。6-31G（d）基组是底限，不能更小。

2. 荧光光谱的模拟

本实验在路径部分输入♯ M062X/6-31G＊ TD opt optcyc＝133，用 TD-M06-2X 方法优化 S_1 态并模拟乙醛的荧光光谱。关键词 TD 等价于 TD（root＝1，Singlets，NStates＝3），即默认优化 S_1 态并计算能量最低的 3 个发射峰，这对荧光光谱的计算已经足够了。根据 Kasha 规则[3]，荧光发射多数情况是从第一激发态 S_1 退激发到基态 S_0。当然，在 6-31G＊水平下，可以采用 CIS 方法优化 S_1 态，再用 TD-M06-2X 方法计算荧光，分两步完成荧光光谱的模拟，耗时将大为缩短。虽然 CIS 方法降低了一些精度，但对发射峰的指认和激发特征的辨别影响不大。相关计算可自行查阅 Gaussian09 手册和相关文献。

不推荐在激发态的计算中使用频率验证和振动分析。虽然 Gaussian09 支持 TDDFT 的解析梯度，但是不支持通过有限差分解析 Hessian 矩阵，必须基于解析梯度做一阶有限差分获得，做振动分析极其耗时。因此，去掉 Freq 关键词，这样就不需要通过有限差分计算昂贵的 Hessian 矩阵了。

本实验的结构优化和荧光光谱模拟均未采用溶剂模型，理论模拟结果为乙醛在气相中的结构和荧光。溶剂效应对基态和激发态的分子结构有影响，会导致谱峰位移，还会影响吸收/发射的强度，使谱峰加宽和变形，影响激发态结构，出现外转换而退激等等。读者可考虑溶剂的影响选择合适的溶剂模型。

四、实验步骤

1. 基态几何优化

采用♯ opt M062X/6-31G＊ Freq 关键词优化基态结构 S_0，必须使用频率验证。如果初始结构已经比较合理，这一步可省略，直接进行下一步的 S_1 态优化和荧光模拟。

2. 荧光光谱的模拟

取上一步优化得到的结构保存，例如保存为 TD-CH3COH-S1.gjf，修改路径部分输入♯ M062X/6-31G＊ td opt optcyc＝133 做 S_1 态优化，最后一次输出的激发态的激发能就是所需数据。实测此计算过程耗时高达 30min。

五、数据记录与处理

1. 查看计算结果

打开输出文件 TD-CH3COH-S1.out，从文件末尾向上翻，找到最后一步的激发能与振子强度输出（Excitation energies and oscillator strengths），如图 1。这部分包括了以电子伏

```
Excitation energies and oscillator strengths:

Excited State   1:      Singlet-A    2.8439 eV  435.96 nm  f=0.0007  <S**
2>=0.000
        12 -> 13       0.70296
This state for optimization and/or second-order correction.
Total Energy, E(TD-HF/TD-KS) =  -153.619157808
Copying the excited state density for this state as the 1-particle RhoCI
density.

Excited State   2:      Singlet-A    6.8719 eV  180.42 nm  f=0.0123  <S**
2>=0.000
         7 -> 13      -0.14945
         8 -> 13      -0.11908
         9 -> 13       0.30730
        10 -> 13       0.48952
        11 -> 13      -0.34990

Excited State   3:      Singlet-A    8.0060 eV  154.86 nm  f=0.1022  <S**
2>=0.000
         7 -> 13      -0.10094
        10 -> 13       0.38389
        11 -> 13       0.56369
    SavETr:  write IOETrn=    770 NScale= 10 NData=   16 NLR=1 NState=        3 LETran=
62.
```

图 1　输出文件中的激发能与振子强度数据

特 eV 和波长 nm 为单位的激发能、振子强度、跃迁轨道相关的信息。计算结果显示，乙醛的荧光发射极弱，$S_1 \rightarrow S_0$ 态跃迁的振子强度 f 仅为 0.0007，完全可以忽略，但不影响读者了解荧光光谱的模拟并处理计算结果。

用 GaussView 打开输出文件，查看 S_1 态的优化结构；主界面菜单点击 Results，打开"UV-Vis..."选项可查看谱图，如图 2 所示。

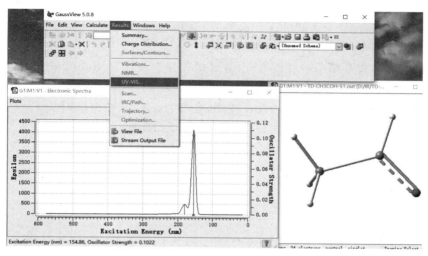

图 2　用 GaussView 查看计算结果

2. 跃迁轨道及跃迁贡献比的计算

由跃迁轨道后面的系数可以计算轨道的跃迁贡献比。从图 1 所示的输出结果，第一个激发是 $S_1 \rightarrow S_0$ 态的跃迁，仅涉及 13 号轨道跃迁回 12 号轨道，其跃迁贡献比为 $(0.70296)^2 \times 2 = 98.8\%$。

跃迁贡献比小于 5% 的跃迁可忽略。从输出文件看出，3 个跃迁主要是轨道 13 向轨道 9、10、11 和 12 跃迁。用 GaussView 打开检查点文件 TD-CH3COH-S1.chk，点击面板上的分子轨道符号（分子结构界面或主菜单右击 Editor→MOs... 也可打开），可以看出 13 号轨道为 LUMO，9、10、11、12 轨道分别为 HOMO-3、HOMO-2、HOMO-1 和 HOMO。选定这 5 个轨道，依次点击 Visualize→Update，稍后出现分子轨道图。轨道过于杂乱，可以增大等值面考察轨道主要特征。设置 Isovalue 为 0.1e，点击 Update，可确定 $S_1 \rightarrow S_0$ 激发是 LUMO→HOMO 跃迁，主要归于 $\pi*$ 跃迁回 n 和 σ 占据轨道，如图 3 所示。

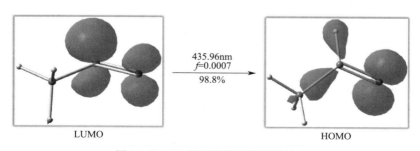

图 3　$S_1 \rightarrow S_0$ 跃迁轨道及跃迁贡献比

3. 谱图的后处理

在 GaussView 谱图界面右击，再点击 "Properties..." 打开 Plot properties 面板，可对谱图作设置，也可以把半峰宽设为整数值（如 $3000cm^{-1}$）。右击谱图界面，单击 "Save Data..." 把谱图数据保存为文本文件，可用 Origin 软件对谱图进行精细处理，相关案例可参阅文献[1,2]。本例最大发射峰为 $S_1 \rightarrow S_0$ 跃迁（$f = 0.1022$），波长为 154.86nm，但荧光光谱极弱而不是关注的重点，所以绘图时没必要把一同输出的某些发射峰的信息抹掉。该最大峰的波长（154.86nm）处于远紫外区，这种波长能够被空气中的氮、氧、二氧化碳和水所吸收，因此只能在真空中进行相关研究。

最简便的绘图方式是用免费软件 Multiwfn 瞬间绘制谱图。Multiwfn 为卢天博士[4] 开发的开源免费软件，可在主页免费下载。以 Multiwfn3.8（dev）为例，打开 Multiwfn，回车键载入输出文件 TD-CH3COH-S1.out，依次输入 11、3、0 并回车：

11//Plot IR/Raman/UV-Vis/ECD/VCD/ROA/NMR spectrum

3//UV-Vis

0 //Plot spectrum

立即得到如图 4 的谱图。

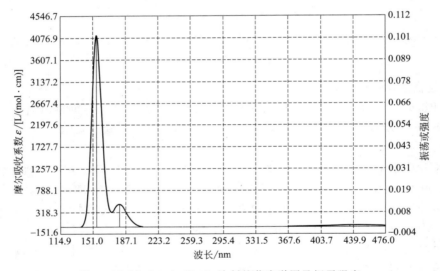

图 4　Multiwfn3.8（dev）绘制的荧光谱图及振子强度

这是未经任何设置的谱图，读者可根据需要和个人爱好进行灵活设置，比如将特定峰的振子强度设为 0 可将其抹去。也可在 PowerPoint 中进一步处理谱图，加入跃迁轨道、跃迁贡献比等信息。

六、问题与讨论

1. 试用 Origin 处理谱图，尝试作图时加入振子强度。

2. 计算 $S_3 \rightarrow S_0$ 发射峰中各跃迁轨道的跃迁贡献比。

3. 优化双氧水 S_1 态，绘制 S_1 态结构图。

七、参考文献

［1］Cheng X L，Li L Q，Zhao Y Y，et al. Absorption and emission spectroscopic characteristics of dipterex and its molecularly imprinted recognition：A TD-DFT investigation

[J] . Chemical Physics Letters，2016，652：93-97.

[2] Cheng X L. TD-M06-2X insights into the absorption and emission spectra of dichlorvos and its molecularly imprinted recognition by methacrylic acid [J] . Journal of Molecular Modeling，2016，22 (11)：282.

[3] Kasha M. Energy transfer mechanisms and the molecular exciton model for molecular aggregates [J] . Radiation Research，1963，20 (1)：55-70.

[4] Lu T，Chen F. Multiwfn：A Multifunctional wavefunction analyzer [J] . Journal of Computational Chemistry，2012，33 (5)：580-592.

实验四十一　FeSO$_4$·7H$_2$O 脱水的热重量分析

一、实验目的
1. 了解热重分析仪的基本原理、测试方法及应用。
2. 了解七水合硫酸亚铁热分解反应的步骤及特点。
3. 掌握用 Origin 绘制七水合硫酸亚铁的热重曲线的方法。

二、实验原理
热重量分析，是在程序控制温度下，测量物质的质量与温度或时间的关系的方法。通过分析热重曲线，我们可以知道样品及其可能产生的中间产物的组成、热稳定性、热分解情况及生成的产物等与质量相联系的信息。只要物质受热时发生质量变化，都可以用热重量分析来研究。可以用其研究物质受热时发生的物理变化和化学变化过程，例如升华、汽化、吸附、解吸、吸收和气固反应等。

含水盐中结晶水的存在形式有三类：①不同任何离子结合，只在晶格中占有一定位置的水分子，被称为晶格水；②同金属离子紧密结合在一起的水分子，被称为配位水；③同阴离子结合在一起的水分子，被称为配位水。其中，晶格水与晶体的结合最弱，受热此水最易失。配位水与晶体的结合力比晶格水强。金属离子的正电场越强，与水的结合力越强，水合热越大，失水温度越高。阴离子水通常靠氢键与阴离子结合在一起，难失去。失去此水一般需加热到 473～573K。

FeSO$_4$·7H$_2$O，又名绿矾，用途广泛，可用于制铁盐、氧化铁颜料、净水剂、防腐剂、消毒剂等，在干燥空气中易风化，56.6℃变为四水盐，在湿空气中易氧化成碱式硫酸高铁而变为黄色。具体的加热脱水直至分解的过程如下：

$$FeSO_4 \cdot 7H_2O \longrightarrow FeSO_4 \cdot 4H_2O + 3H_2O \uparrow$$
$$FeSO_4 \cdot 3H_2O \longrightarrow FeSO_4 \cdot H_2O + 2H_2O \uparrow$$
$$FeSO_4 \cdot H_2O \longrightarrow FeSO_4 + H_2O \uparrow$$
$$2FeSO_4 \longrightarrow Fe_2O_3 + SO_3 \uparrow + SO_2 \uparrow$$

本实验以 α-Al$_2$O$_3$ 作为参比物，通过热重分析可以定量研究 FeSO$_4$·7H$_2$O 在热处理过程中的质量变化，通过 TGA 和 DTG 曲线可以清楚地计算每一阶段的失重率，进而推测考察其失去结晶水所发生的变化。

三、仪器与试剂
1. 仪器
HCT-3 热重分析仪。

2. 试剂

$FeSO_4 \cdot 7H_2O$（分析纯），$\alpha\text{-}Al_2O_3$。

四、实验步骤

① 电脑开机，打开热分析系统。

② 打开仪器电源开关，预热 30min。

③ 打开循环水。

④ 做通气气氛实验时，提前通气排出空气，热重仪需要 30min，天平需要 60min。

⑤ 抬起仪器的加热炉。提高温炉到限定高度后向逆时针旋转到限定位置。

⑥ 放入实验样品。支撑杆的左托盘放参比物（氧化铝空坩埚）。右托盘放实验样品坩埚。

⑦ 放下仪器的加热炉。顺时针旋转，双手托住缓慢往下放。切勿碰撞支撑杆。

⑧ 启动程序软件，进入测试窗口。在空气气氛下，以 10℃/min 的升温速率升温；升温范围为室温至 700℃。

⑨ 实验完成后，保存数据。通过软件进行实验数据分析计算。

⑩ 等炉温降到室温后（一般测完 40min 后），退出软件程序。关闭计算机主机，关闭主机开关。关闭循环水开关。

五、数据记录与处理

从 $FeSO_4 \cdot 7H_2O$ 脱水的热重曲线上确定各脱水峰温度，并根据热谱图推测各峰所代表的可能反应，写出反应方程式。

六、注意事项

1. 定期用标准物质校正仪器温度（每月一次）。

2. 在测试前，先测基线，扣除基线漂移。

3. 实验时，避免仪器周围的东西剧烈振动影响到实验曲线。

4. 要轻拿轻放，防止破坏天平梁。

5. 样品一般不超过坩埚容积的三分之一。

七、问题与讨论

1. 在热重分析过程中，影响测试结果的因素有哪些？可以采取何种措施避免？

2. 升温速率的大小对实验曲线的形状有何影响？

实验四十二　全自动气体吸附仪测试 CMK-3 多孔碳的比表面积

一、实验目的

1. 掌握气体在固体表面物理吸附的基本概念。

2. 了解动气体吸附仪的基本原理，了解有关仪器的主要结构。

3. 以多孔碳为样品，学习并掌握利用全自动气体吸附仪测定材料比表面的方法。

4. 掌握数据的处理方法。

二、实验原理

比表面积是表征固体材料表面一个重要的物理量。重量比表面是指单位质量固体所具有的表面积，简称比表面。测量比表面的方法多种多样，按照所利用的原理，可分为：热传导法、消光法、浸润热法、溶液吸附法、流体透过法和气体吸附法，气体吸附法是其中应用最广泛的方法之一。

处于固体表面的原子或分子具有表面自由能，当气体分子与其接触时，有一部分会暂时停留在表面上，使得固体表面上气体浓度大于气相中的浓度，这种现象称为气体在固体表面的吸附作用。气体吸附法测定固体比表面的基本思路是：首先测出在单位质量固体（吸附剂）表面上某吸附质分子铺满一个单分子层所需的分子数，然后根据每个该种吸附质分子在固体表面所占的面积，计算出该固体的比表面。因此，气体吸附法测定固体的比表面实质上是测定某种吸附质的单分子层饱和吸附量。在确定吸附质在固体样品表面的单分子层吸附量时，最常采用的吸附等温式是 BET 吸附等温式，这时的气体吸附法称为 BET 法，其中氮吸附 BET 法一般被认为是测定固体比表面的标准方法。这是因为氮气的化学性质不活泼，在低温时不会发生化学吸附，而且它的分子截面积小，能深入到狭窄的细孔中，固体样品的绝大部分表面（包括内表面）都能够吸附氮分子。

在一定的压力下，被测样品表面在超低温下对气体分子产生可逆物理吸附作用，通过测定出一定压力下的平衡吸附量，利用理论模型求出被测样品的比表面积和孔径分布等与物理吸附有关的物理量。其中氮气低温吸附法是测量材料比表面积和孔径分布比较成熟而且广泛采用的方法。在液氮温度下，氮气在固体表面的吸附量取决于氮气的相对压力（P/P_0），P 为氮气压力，P_0 为液氮温度下氮气的饱和蒸气压，当 P/P_0 在 $0.05 \sim 0.35$ 范围内时，吸附量与相对压力 P/P_0 符合 BET 方程，这是氮吸附法测定比表面积的依据；当 $P/P_0 \geqslant 0.4$ 时，由于产生毛细凝聚现象，氮气开始在微孔中凝聚，通过实验和理论分析，可以测定孔容-孔径分布（孔容随孔径的变化率）。

三、仪器与试剂

1. 仪器

康塔 Autosorb-IQ-MP-C，杜瓦瓶，液氮罐。

2. 试剂

液氮、CMK-3 介孔碳材料、乙醇。

四、实验步骤

1. 仪器开机和关机

仪器接通电源之后，往上扳动 MAINS 开关，10min 之后再往上扳动 ELECTRONICS 开关，听到"咔咔"声音 3min 后连接系统软件。测试完样品之后，先往下扳动 ELECTRONICS 开关，10min 之后再往下扳动 MAINS 开关，仪器关闭之后断开电源。

2. 样品测试

样品的预处理：先将待测样品在惰性气氛或真空中在 120℃ 左右温度下预处理 $2 \sim 4h$，以除去样品中的水气等。如果样品热稳定性较好，预处理温度可适当升高，应视具体情况而定。预处理后的样品应放在干燥器中，以免受潮。

填装样品量的选择：样品的具体填装量根据样品的密度、比表面大小确定，一般认为样品量以使氮气吸附量在 5mL 左右为宜，所以比表面大的样品应少装一些，而比表面小的样品应多装一些。样品量不要超过样品管的三分之二，以保证气体有足够的空间流过。

样品质量的称量：样品的称量要求用灵敏度为 0.0001g 的天平。首先称出干燥样品管的质量，然后将适量样品填装于样品管中，再称出样品管和样品的总质量，用差减法求出样品的质量。

样品管的安装：安装样品管时，应注意使几个样品管底部的高度应尽量一致，以便在浸入液氮中时，浸入的深度相近，确保吸附温度相同。

脱气处理：连接软件之后，点击 Outgasser，选择 St 1，右键点击 Edit Program，进入界面进行编辑。（可以同时进行两站脱气处理，St 2 相同操作）在进行参数设置时，应注意以下几点：①最高脱气加热温度 350℃（加热包温度极限值）。②加热温度不能超过测试样品分解温度，一般低 50℃。③普通样品介孔测试 300℃下脱气 4h，微孔样品测试 300℃下脱气至少脱气 6h。脱气结束后，显示绿色 Idle。

样品测试：点击 Analysis，右键点击 Edit Parameters，进入图页面进行编辑。点击 Station 1，Admin 按钮下编辑样品名称（一般在 ···.<t>_ 之后写入样品编号），在 Analysis 按钮下，编辑测试参数。如果前期测试模板已设置好，点击 Load/Save，继续点击 Load Points（St 1），选择合适模板测试即可。设置完参数之后，点击 OK 按钮。进入主界面，右键 Analysis，点击 Start Analysis，输入样品编号和样品质量。如测试微孔，在 Analysis 界面中选择 Enabled。

3. 数据分析及导出

导出 PDF 格式文件时，先把需要导出的数据（比如曲线、BET 数据，孔容，孔径分布，t-plot 等）选中保存。在软件操作界面左上角 configure 下找到 manage reports，点击之后并创建一个新的文件名。点击 OK 之后，添加需要导入的数据（顺序是先添加 graphs，再添加 Tables，最后是 MetaData）。点击软件左上角打印按钮，保存 PDF 格式到桌面即可。其他数据的导出（比如 txt，csv 等）在 Tables 下选择需要导出的数据，然后保存所需的格式即可。

4. 冷肼管的清洗

样品测试完毕之后需对冷肼管进行清洗，调出仪器运行图，先拔掉 1 站脱附的堵塞棒（左手边为 1 站），再打开 CT out 和 St 1 两个按钮，取下冷肼管，用乙醇清洗，吹干，务必保证冷肼管干燥，再将冷肼管装上后，堵上 1 站脱气口，然后关上 CT out 和 St 1，打开 Fine 和 CT out，待到压力变为 50 左右，打开 Crs 开关，等到 Pirani 和 1ktorr 都降到 0 左右，关上这三个开关，即完成冷肼管的清洗和安装。

五、数据记录与处理

1. 根据导出数据，利用 Origin 数据处理软件，画出 CMK-3 材料的吸附和脱附曲线。

2. 利用 Origin 数据处理软件，画出 CMK-3 材料的孔径分布曲线。

六、注意事项

本实验需要使用液氮，因此要特别注意安全。要求实验者必须穿长裤，不得穿凉鞋和拖鞋等暴露脚面的鞋，装倒液氮和移动液氮杜瓦瓶时必须戴工作手套。

七、问题与讨论

用气体吸附法测量固体样品的比表面时，需要对样品进行怎样的预处理？为什么要对样品进行这样的预处理？

实验四十三　离子色谱法测定水样中无机阴离子的含量

一、实验目的

1. 掌握一种快速定量测定无机阴离子的方法。

2. 了解离子色谱仪的工作原理并掌握 ICS-2000 型离子色谱仪的使用方法。

二、实验原理

本实验通过离子色谱法测定水样中无机阴离子的含量，使用阴离子交换柱，填料通常为季铵盐交换基团（固定相，以 R_3N^+（CH_3）$_3 \cdot OH^-$ 表示）。离子色谱法的分离机理主要是离子交换，如图 1 所示。

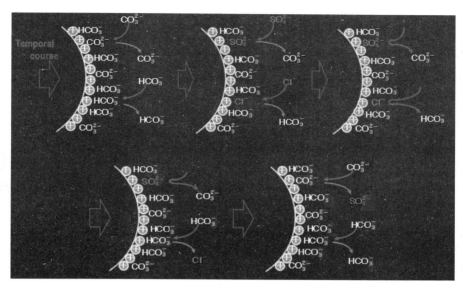

图 1 离子交换分离机理示意图

首先，通过淋洗液平衡阴离子交换柱，然后样品溶液经自动进样或手动进样注入六通阀，高压泵输送淋洗液，将样品溶液带入交换柱。由于静电场相互作用，样品溶液的阴离子与交换柱固定相中的可交换离子发生交换，并暂时且选择地保留在固定相上。同时，保留的阴离子又被带负电荷的淋洗离子交换下来进入流动相中。由于不同的阴离子与交换基团的亲和力大小不同，因此在固定相中的保留时间不同。亲和力小的阴离子与交换基团的作用力小，在固定相中的保留时间短，先流出色谱柱；亲和力大的阴离子与交换基团的作用力大，在固定相中的保留时间长，后流出色谱柱，于是不同的阴离子基于保留时间的差异而有效分离。被分离的阴离子经抑制器被转换为高电导率的无机酸，而淋洗液离子则被转换为弱电导率的水（消除背景电导率，使其不干扰被测阴离子的测定），然后电导检测器依次测定转变为相应酸型的阴离子，与标准进行比较，根据保留时间定性，峰高或峰面积定量。本实验采用峰面积标准曲线（5 点）定量。

三、仪器与试剂

1. 仪器

美国 Dionex 公司 ICS-2000 型离子色谱仪，Chromeleon 工作站，AG11 型阴离子保护柱，AS11 型阴离子分离柱，ASRS300 型自动再生抑制器，KOH 自动淋洗液发生器。

2. 试剂

阴离子标准储备溶液：用优级纯的钠盐分别配制成浓度为 100mg/L 的 F^-、1000mg/L 的 Cl^-、100mg/L 的 NO_2^-、1000mg/L 的 NO_3^-、1000mg/L 的 PO_4^{3-}、1000mg/L 的 SO_4^{2-} 的 6 种阴离子标准储备溶液。

四、实验步骤

1. 阴离子单个标准溶液的制备

分别移取 5.00mL 的 F^- 储备液、2.00mL 的 Cl^- 储备液、15.0mL 的 NO_2^- 储备液、

3.00mL 的 NO_3^- 储备液、5.00mL 的 PO_4^{3-} 储备液和 5.00mL 的 SO_4^{2-} 储备液于 6 个 100mL 容量瓶中,分别用高纯水稀释至刻度,摇匀。得到 F^- 浓度为 5mg/L、Cl^- 浓度为 20mg/L、NO_2^- 浓度为 15mg/L、NO_3^- 浓度为 30mg/L、PO_4^{3-} 浓度为 50mg/L、SO_4^{2-} 浓度为 50mg/L 的 6 种标准溶液。按同样方法依次移取不同量的储备液配制成另外几种不同浓度的阴离子单个标准溶液,浓度范围为 5~100mg/L。

2. 阴离子混合标准溶液的制备

分别移取 5.00mL 的 F^- 储备液、2.00mL 的 Cl^- 储备液、15.0mL 的 NO_2^- 储备液、3.00mL 的 NO_3^- 储备液、5.00mL 的 PO_4^{3-} 储备液和 5.00mL 的 SO_4^{2-} 储备液于 100mL 容量瓶中,用高纯水稀释至刻度,摇匀。得到 F^- 浓度为 5mg/L、Cl^- 浓度为 20mg/L、NO_2^- 浓度为 15mg/L、NO_3^- 浓度为 30mg/L、PO_4^{3-} 浓度为 50mg/L、SO_4^{2-} 浓度为 50mg/L 的混合标准溶液。按同样方法依次移取不同量的储备液配制成另几种不同浓度的混合标准溶液,浓度范围为 5~100mg/L。

3. 操作步骤

① 观察阴离子淋洗液瓶里的淋洗液是否充足,若不足,请加足量。

② 打开氮气瓶阀门,调整分压表为 0.2MPa,调节淋洗液瓶压力表为 3~6psi。

③ 打开离子色谱仪电源开关,启动电脑,进入 Chromeleon 操作软件和操作面板。

④ 在控制面板 Eluent Bottle 输入淋洗液的体积,点击控制面板上的 Pump 为 On,启动泵并调流速为 1.0mL/min。

⑤ 旋开一级泵上的排气泡阀,用注射器抽出液体或用烧杯接液体,观察管道里是否有气泡,若无,关闭拧紧排气泡阀。然后旋开二级泵上的排气泡阀,排出泵头的气泡,无气泡后,关闭拧紧。

⑥ 等压力上升为 1000psi(1psi=6.89×10³Pa)以上,若配有阴离子自生电解抑制器,选择抑制器类型为 ASRS 4mm(阴离子),AS11HC 阴离子柱推荐为 30mmol/L NaOH,在淋洗液浓度发生装置处输入 30mmol/L,设定流速为 1.5mL/min 时,抑制器电流设为 112mA,SRS 模式处于 ON。

⑦ 在 File(文件)中新建 program file(程序文件)和 sequence(using Wizard)样品表(使用向导)。

⑧ sequence(样品表)建好后,从菜单栏 Batch(批处理)点击 start(开始),运行选择好的 sequence(样品表),样品会按照顺序依次运行。

⑨ 谱图采集。待系统出现谱图采集的提示框以后,按照提示框给出的样品名称向手动进样口注射相应的样品溶液,如果有需要,可以重复进样若干次。当一个标样采样完成后,系统会提示采集下一个浓度的样品。

⑩ 数据处理。双击类型为 standard(标准)的标准样品,点击 QNT-Editor(方法编辑),依次按照工作表内容编辑,做出标准曲线后保存。

⑪ 关机。实验结束后,首先关闭抑制器电源开关使 SRS 模式处于 OFF,然后关闭 EGC 浓度开关,最后关闭 Pump(泵),关闭软件和电脑,关闭离子色谱仪电源开关,关闭氮气瓶主阀。

五、数据记录与处理

1. 将阴离子混合标准溶液的制备列表。

2. 根据实验数据对测定结果进行评价，计算有关误差。

六、注意事项

1. 离子交换柱的型号、规格不一样时，色谱条件会有很大的差异，一般商品离子色谱柱都附有常见离子的分析条件。

2. 系统柱压应该稳定在 200～300psi 为宜。柱压过高可能流路有堵塞或柱子污染；柱压过低可能泄漏或有气泡。

3. 切记酸溶液不可进入阴离子保护柱、分析柱和抑制器。

4. 若抑制器漏液，有可能连接电导检测器进口或出口管堵塞，使得液体流不出去，撑破抑制器从而漏液。应立即取下抑制器，短接通管路，观察电导检测器进口或出口管是否通畅出液，反之，更换管路和疏通。然后再连接抑制器。

5. 离子色谱仪器最好一周运行一次，若超过 1 个月未用，抑制器必须活化，取下抑制器后从四个小孔中用高纯水注入 10～30mL，放置 30min 后，重新连接后再使用，否则，容易损坏抑制器。

七、问题与讨论

1. 离子的保留时间与哪些因素有关？

2. 为什么在离子的色谱峰前会出现一个负峰（倒峰）？应该怎样避免？

实验四十四　离子色谱法测定粉尘中可溶性无机阴、阳离子的含量

一、实验目的

1. 了解用离子色谱法测定痕量样品中无机阴、阳离子的实验方法。

2. 了解离子色谱仪的工作原理并掌握 ICS-2000 型离子色谱仪的使用方法。

二、实验原理

分析无机阴离子时，用阴离子交换柱，填料通常为季铵盐基团〔称为固定相，以 R_3N^+ $(CH_3)_3 \cdot OH^-$ 表示〕，主要分离机理是离子交换，常用淋洗液有 OH^- 体系和 CO_3^{2-}/HCO_3^- 两种。首先，通过淋洗液平衡阴离子交换柱，然后样品溶液经自动进样或手动进样注入六通阀，高压泵输送淋洗液，将样品溶液带入交换柱。由于静电场相互作用，样品溶液的阴离子与交换柱固定相中的可交换离子发生交换，并暂时且选择地保留在固定相上；同时，保留的阴离子又被带负电荷的淋洗离子交换下来进入流动相。由于不同的阴离子与交换基团的亲和力大小不同，因此在固定相中的保留时间不同。亲和力小的阴离子与交换基团的作用力小，在固定相中的保留时间短，先流出色谱柱；亲和力大的阴离子与交换基团的作用力大，在固定相中的保留时间长，后流出色谱柱，于是不同的阴离子基于保留时间的差异而有效分离。被分离的阴离子经抑制器被转换为高电导率的无机酸，而淋洗液离子则被转换为弱电导率的水（消除背景电导率，使其不干扰被测阴离子的测定），然后电导检测器依次测定转变为相应酸型的阴离子，与标准进行比较，根据保留时间定性，峰高或峰面积定量。本实验采用峰面积标准曲线（5 点）定量。

分析 K^+、NH_4^+、Na^+ 等无机阳离子时，用阳离子交换柱，填料通常为磺酸基团（固定相，以 $R-SO_3H^+$ 表示），所用的淋洗液通常是能够提供 H^+ 作淋洗离子的物质（如甲烷磺酸、硫酸等）。由于静电相互作用，样品阳离子被交换到填料交换基团上，又被带正电荷

的淋洗离子交换下来进入流动相，这种过程反复进行。与阳离子交换基团作用力小的阳离子在色谱柱中的保留时间短，先流出色谱柱；与阳离子交换基团作用力大的阳离子在色谱柱中的保留时间长，后流出色谱柱，从而实现不同阳离子的有效分离。本实验采用峰面积标准曲线（5点）定量。

三、仪器与试剂

1. 仪器

美国 Dionex 公司 ICS-2000 型离子色谱仪，Chromeleon 工作站，AG11 型阴离子保护柱，AS11 型阴离子分离柱，KOH 自动淋洗液发生器，AG14 型阴离子保护柱，CG12 型阳离子保护柱，阴离子 ASRS300 型自动再生抑制器，阳离子 CSRS-ULTRA 型自动再生抑制器。

2. 试剂

甲烷磺酸阳离子淋洗储备溶液：取甲烷磺酸（分子式为 CH_3SO_3H，分子量为 96.11，100mL 质量为 148g，浓度为 15.4mol/L）32.5mL 于 500mL 容量瓶中，用高纯水稀释至刻度，摇匀。此溶液甲烷磺酸的浓度为 1.0mol/L。

阴离子标准储备溶液：用优级纯的钠盐分别配制成浓度为 1000mg/L Cl^-、1000mg/L NO_3^-，1000mg/L SO_4^{2-} 的储备液。使用时用高纯水稀释成浓度为 5～50mg/L 的工作溶液。

阳离子标准储备溶液：用优级纯的钠盐和硝酸盐分别配制成浓度为 1000mg/L Na^+、1000mg/L NH_4^+、1000mg/L K^+ 的储备液。使用时用高纯水稀释成浓度为 5～50mg/L 的工作溶液。

四、实验步骤

1. 甲烷磺酸阳离子淋洗溶液的制备

取 1.0mol/L 甲烷磺酸阳离子淋洗储备溶液 20mL 于 1000mL 容量瓶中，用高纯水稀释至刻度，摇匀。此甲烷磺酸溶液的浓度为 20mmol/L。

2. 阴离子单个标准溶液的制备

分别移取 1000mg/L Cl^- 标准溶液 2.0mL、1000mg/L NO_3^- 标准溶液 3.00mL、1000mg/L SO_4^{2-} 标准溶液 5.0mL 于 3 个 100mL 容量瓶中，用高纯水稀释至刻度，摇匀。得到 Cl^- 浓度为 20mg/L、NO_3^- 浓度为 30mg/L、SO_4^{2-} 浓度为 50mg/L 的 3 种标准溶液。按同样方法依次移取不同量的储备液配制另外几种不同浓度的单个标准溶液，浓度范围为 5～100mg/L。

3. 阳离子单个标准溶液的制备

分别移取 1000mg/L Na^+ 标液 2.00mL、1000mg/L NH_4^+ 标液 1.00mL、100mg/L K^+ 标液 3.00mL 于 3 个 100mL 容量瓶中，用高纯水稀释至刻度，摇匀。分别得到 Na^+ 浓度为 20mg/L、NH_4^+ 浓度为 10mg/L、K^+ 浓度为 30mg/L 的标准溶液。按同样方法依次移取不同量的储备液配制另几种不同浓度的单个标准溶液，浓度范围为 5～50mg/L。

4. 阴、阳离子混合标准溶液的制备

分别移取 1000mg/L Cl^- 标准溶液 2.0mL、1000mg/L NO_3^- 标准溶液 3.00mL、1000mg/L SO_4^{2-} 标准溶液 5.00mL、1000mg/L Na^+ 标准溶液 2.00mL、1000mg/L NH_4^+ 标准溶液 1.00mL、1000mg/L K^+ 标准溶液 3.00mL 于一个 100mL 的容量瓶中，用高纯水

稀释至刻度，摇匀。得到 Cl^- 浓度为 20mg/L、NO_3^- 浓度为 30mg/L、SO_4^{2-} 浓度为 50mg/L、Na^+ 浓度为 20mg/L、NH_4^+ 浓度为 10mg/L、K^+ 浓度为 30mg/L 的混合标准溶液。按同样方法依次移取不同量的储备液配制另外几种不同浓度的混合标准溶液，浓度范围为 5～50mg/L。

5. 操作步骤

① 将 20mmol/L 甲烷磺酸淋洗液装入塑料淋洗瓶中，其体积约为 1000mL。

② 打开氮气瓶阀门，调整分压表为 0.2MPa，调节淋洗液瓶压力表为 3～6psi。

③ 打开离子色谱仪电源开关，启动电脑，进入 Chromeleon 操作软件和操作面板。

④ 在控制面板 Eluent Bottle 输入淋洗液的体积，点击控制面板上的 Pump 为 On，启动泵并调流速为 1.0mL/min。

⑤ 旋开一级泵上的排气泡阀，用注射器抽出液体或用烧杯接液体，观察管道里是否有气泡，若无，关闭拧紧排气泡阀。然后旋开二级泵上的排气泡阀，排出泵头的气泡，无气泡后，关闭拧紧。

⑥ 等压力上升为 1000psi 以上，若配有阴离子自生电解抑制器，选择抑制器类型为 ASRS 4mm（阴离子），AS11HC 阴离子柱推荐为 30mmol/L NaOH，在淋洗液浓度发生装置处输入 30mmol/L，设定流速为 1.5mL/min 时，抑制器电流设为 112mA，SRS 模式处于 ON。

⑦ 在 File（文件）中新建 program file（程序文件）和 sequence（using Wizard）样品表（使用向导）。

⑧ sequence（样品表）建好后，从菜单栏 Batch（批处理）点击 start（开始），运行选择好的 sequence（样品表），样品会按照顺序依次运行。

⑨ 谱图采集。待系统出现谱图采集的提示框以后，按照提示框给出的样品名称向手动进样口注射相应的样品溶液，如果有需要，可以重复进样若干次。当一个标样采样完成后，系统会提示采集下一个浓度的样品。

⑩ 数据处理。双击类型为 standard（标准）的标准样品，点击 QNT-Editor（方法编辑），依次按照工作表内容编辑，做出标准曲线后保存。

⑪ 关机。实验结束后，首先关闭软件中抑制器电源开关使 SRS 模式处于 OFF，然后关闭 EGC 浓度开关，最后关闭 Pump（泵），关闭软件和电脑，关闭离子色谱仪电源开关，关闭氮气瓶主阀。

五、数据记录与处理

1. 将阴、阳离子混合标准溶液的制备列表。

2. 根据实验数据对测定结果进行评价，计算有关误差（列表表示）。

六、注意事项

1. 离子交换柱的型号、规格不一样时，色谱条件会有很大的差异，一般商品离子色谱柱都附有常见离子的分析条件。

2. 系统柱压应该稳定在 200～300psi 为宜。柱压过高可能流路有堵塞或柱子污染；柱压过低可能泄漏或有气泡。

3. 切记酸溶液不可进入阴离子保护柱、分析柱和抑制器。

4. 若抑制器漏液，有可能连接电导检测器进口或出口管堵塞，使得液体流不出去，撑破抑制器从而漏液。应立即取下抑制器，短接通管路，观察电导检测器进口或出口管是否通畅出液，反之，更换管路和疏通。然后再连接抑制器。

5. 离子色谱仪器最好一周运行一次，若超过 1 个月未用，抑制器必须活化，取下抑制器后从四个小孔中用高纯水注入 10～30mL，放置 30min 后，重新连接后再使用，否则，容易损坏抑制器。

七、问题与讨论

1. 柱温对离子的保留时间有什么影响？
2. 离子色谱分析阳离子有什么优点？

实验四十五　二氧化钛粉末 X 射线衍射分析

一、实验目的

1. 了解 X 射线衍射仪的工作原理及正确的使用方法。
2. 了解 X 射线衍射仪的样品测试范围及样品制备要求。
3. 掌握 X 射线衍射物相定性分析的方法和步骤。

二、实验原理

二氧化钛具有无毒、不透明性强、白度和光亮度高的优点，被认为是现今世界上性能最好的一种白色颜料，广泛应用在涂料、塑料、造纸、印刷油墨、化纤、橡胶、化妆品等工业生产中。它的熔点很高，也被用来制造耐火玻璃、釉料、珐琅、陶土、耐高温的实验器皿等。二氧化钛的化学性能也被广泛用于许多领域，如空气和水体的净化、光催化、光伏电池、锂离子电池等研究。

二氧化钛一般分板钛矿型、锐钛矿型和金红石型三种晶型。锐钛矿结构式由［TiO_6］八面体共顶点组成，而金红石型和板钛矿型结构则是由［TiO_6］八面体共顶点且共边组成。不同的晶型应用也不同。金红石型的 TiO_2 在三种晶型结构中最稳定，其相对密度和折射率较大，具有很高的分散光射线的本领、很强的遮盖力和着色力。锐钛矿型结构不如金红石型稳定，但其光催化活性和超亲水性较高，常用作光催化剂。板钛矿型结构最不稳定，是一种亚稳相，很少被直接应用。晶粒的大小及晶型结构决定二氧化钛性能的开发与应用。利用 X 射线衍射分析法可以确定二氧化钛粉末的晶型结构。

当某物质（晶体或非晶体）进行 X 射线衍射分析（XRD）时，该物质被 X 射线照射产生衍射图谱。衍射图谱由物质的组成、晶型、分子内成键方式、分子的构型、构象因素等决定。分析其衍射图谱，可以获得材料的成分、材料内部原子或分子的结构或形态等信息。X 射线衍射方法具有不损伤样品、无污染、快捷、测量精度高、能得到有关晶体完整性的大量信息等优点。因此，X 射线衍射分析法作为材料结构和成分分析的一种现代科学方法，已逐步在各学科研究和生产中广泛应用。随着 XRD 标准数据库的日益完善，XRD 物相分析更加便捷，目前最常见的操作方式是将样品的 XRD 谱图与标准谱图进行对比来确定样品的物相组成。XRD 标准数据库包括 JCPDS（即 PDF 卡片）、ICSD、CCDC 等，分析 XRD 谱图的软件包括 Jade、Xpert Highscore 等。

三、仪器与试剂

1. 仪器

日本岛津 6100 型 X 射线衍射仪，主要技术指标如下：CuK$_\alpha$ 线，管压 40kV；X 光管最大功率，3kW；最大管电压，60kW；最大管电流，80mA；测角仪半径，185mm；扫描范围，$10°\sim90°$；扫描模式，$\theta/2\theta$ 联动、$\theta/2\theta$ 独立驱动模式；操作模式，连续、步进扫描模式，θ 轴回摆功能；扫描速度，$1.0\sim5.0(°)/min$。

2. 试剂

TiO_2 粉末样品（自制或购买）。

四、实验步骤

1. 样品准备

将样品在玛瑙研钵中研细，定量分析的样品细度应在 $45\mu m$ 左右，即应过 325 目筛。将样品托擦净放在玻璃板上，将粉末加到样品托的凹槽中，略高于样品托平面，另用一玻璃板将样品压平、压实，表面平整且垂直放置不散落，除去多余试样。将样品托对准中线插入衍射仪的样品台上。

2. 样品测定

① 开启循环冷却水。

② 开启 XRD 电源，仪器左下侧，power 灯亮。

③ 启动计算机，在 XRD 稳定 2min 左右后，进入 PCXRD 程序。

④ 实验条件设定以后，点击 start，X 射线光管开启，XRD 开始测试。测试完毕，X 射线管自动关闭，点击设置使样品台复位。

3. 数据处理

① 点击画面上 basic process，进行数据处理。

② 点击画面上 search match，进行定性分析。

③ 点击画面上 PCPDF utitily，进行组成成分确定分析。

④ 点击画面上 crystallinity，进行结晶度测定。

4. 图谱导出

① 点击画面上 file maintenance，进行 ascii dump，数据存储，可以存储成 raw 文件或 txt 文件。

② 从 Excel 打开文件，导出 Excel 成分分析图谱，以 Origin 等软件作图。

5. 关机

关机顺序与开机顺序相反，退出 PCXRD 程序，依次关闭 XRD 电源、循环水，测试完毕。

五、注意事项

1. 粉末样品研细，过筛，避免颗粒不均匀。

2. 样品测试结束后，应在关机后，继续运行循环冷却水 30min 以上，以充分冷却 X 光管。

3. X 射线具有放射性，在样品测试过程中不得随意打开防护罩门，禁止任何人员进入仪器背面区域，谨防 X 射线直射人体。

4. 注意室内防潮、通风。

六、问题与讨论

1. X 射线衍射仪能提供被测样品的哪些信息？

2. 样品准备过程中应该注意哪些事项？

实验四十六　核磁共振氢谱实验

一、实验目的

1. 了解核磁共振的基本概念。
2. 熟悉核磁共振氢谱的实验方法、核磁共振氢谱的主要参数。
3. 学会简单核磁共振氢谱的分析方法。

二、实验原理

具有磁性的原子核，处在某个外加静磁场中，受到特定频率的电磁波的作用，在它的磁能级之间发生的共振跃迁现象，叫核磁共振现象。由核磁共振的概念可知：同一种类型的原子核的共振频率是相同的，这里没有考虑原子核所处的化学环境，实际上当原子核处在不同的基团中时（即不同化学环境），其所感受到的磁场是不相同的。由于不同基团的核外电子云的存在，对原子核产生了一定的屏蔽作用。原子核实际感受到的磁场是外加静磁场和电子云产生的磁场的叠加。对于同一种元素的原子核，如果处于不同的基团中（即化学环境不同），原子核周围的电子云密度是不相同的，因而共振频率不同，因此产生了化学位移。

化学位移是由核外电子云产生的对抗磁场所引起的，因此，凡是能使核外电子云密度改变的因素，都能影响化学位移。影响因素有诱导效应、共轭效应、磁的各向异性效应、溶剂效应以及氢键的形成等。

从核磁共振氢谱图上，可以得到如下信息：

① 吸收峰的组数，说明分子中化学环境不同的质子有几组。
② 质子吸收峰出现的频率，即化学位移，说明分子中的基团情况。
③ 峰的分裂个数及偶合常数，说明基团间的连接关系。
④ 阶梯式积分曲线高度，说明个基团的质子比。

三、仪器与试剂

1. 仪器

AV-50（AVANCE，Bruker 公司），样品管（核磁共振专用样品管，直径 5mm，长度大于 150mm）。

2. 试剂

$CDCl_3$（CIL 公司进口试剂），乙基苯（AR）。

四、实验步骤

1. 配制样品及要求

在能达到分析要求的情况下，样品量少一些为好，样品浓度太大，谱图的旋转边带或卫星峰太大，而且，谱图分辨率变差，不利于谱图的分析。

固体样品取 5mg 左右，液体样品取 0.05mL 左右，将样品小心地放入样品管中，用注射器取 0.5mL $CDCl_3$（氘代氯仿）注入样品管，使样品充分溶解。要求样品与试剂充分混合、溶液澄清、透明、无悬浮物或其他杂质。

2. 按照 NMR 仪器的操作说明书，在老师的指导下，按照步骤进行样品测试，记录核磁波谱图并扫描积分曲线。

五、数据记录与处理

将所得到的谱图进行傅里叶变换、基线校正、标记峰的化学位移、标记积分面积，对谱图进行调整。谱图调整满意后，可进行谱图绘制。进入绘图模式，在此模式中可完成谱图的伸缩、放大，线条的粗细、数字的大小，谱图颜色，坐标轴设计，标题设计等功能调整，最后输出 NMR 谱图。

六、问题与讨论

1. 乙基苯的 ^{1}HNMR 谱中化学位移 2.65 处的峰为什么分裂成四重峰？化学位移 1.25 处的峰为什么分裂成三重峰？其峰裂分的宽度有什么特点？

2. 利用 ^{1}HNMR 谱图计算，可否计算两种不同物质的含量？为什么？

实验四十七　设计实验

在学习并掌握了部分分析仪器的原理、用途以及使用方法的基础上，为了进一步发挥学生的主动性，进一步巩固掌握仪器分析的理论基础知识，熟练掌握实验技术，使学生在查阅文献能力、解决问题和分析问题能力以及动手能力等方面得到锻炼与提高，本教材安排了一些设计实验。设计实验要求学生根据给定的实验题目通过预先查阅参考文献，搜集前人已经发展了的各种分析方法，结合本实验室的设备条件等各种因素，选择其中的一种方法，拟订出具体实验步骤，写出调研报告。在此基础上，学生分为几个小组，通过交流与讨论，使得实验方案更加完善。讨论的内容主要包括以下方面：①对被测定对象的各种分析方法、原理、优缺点进行比较，选出适合的实验方法；②确定实验步骤；③分析误差来源及消除方法；④数据的处理；⑤注意事项。然后在教师指导下，确定具体的实验方法。实验时，根据各自设计的实验，从试剂的配制到最后写出实验报告都由每个学生独立完成。为了帮助学生迅速、准确地搜集到切合设计实验题目的文献资料，下面列出一些常用的书刊和电子资源供参考。

一、期刊

①《分析化学》

②《分析测试通报》

③《理化检验》

④《色谱》

⑤《分析试验室》

⑥《光谱学与光谱分析》

⑦《冶金分析》

⑧《药学学报》

⑨《药物分析杂志》

⑩《环境化学》

⑪《高等学校化学学报》

⑫ Analytical Chemistry

⑬ Analyst

⑭ Analytica Chemica Acta

⑮ Analytical Letters Part A：Chemical Analysis；Analytical Letters Part B：Clinical and Biochemical Analysis

⑯ Journal of Chromatographic Science

⑰ Journal of Electroanalytical Chemistry and Interfacial Electrochermistry，With Bioelectrochemistry and bioenergetics

⑱ Spectrochimica Acta Part A：Molecular Spectroscopy；Spectrochimica Acta Part B：Atomic Spectroscopy

二、电子资源

电子资源中的所有数据库（免费资源除外），均属于出版者的知识产权，请读者合理使用各种电子资源，请注意知识产权的保护。如果发生滥用事件，例如过量、系统性下载全文，用工具软件下载全文，将关闭该 IP 地址对数据库的访问权限。几种常用的电子资源：

① 国家科技图书文献中心

② 中国知网

③ 万方数字资源系统

④ 维普中文科技期刊全文数据库（网址：http：//www.cqvip.com）

⑤ 超星数字图书馆（网址：http：//www.ssreader.com）

⑥ SciFinder Scholar（CA 化学文摘网络版）

⑦ Web of Science

三、著名出版社电子期刊

① 美国化学学会出版物，网址：http：//pubs.acs.org/

② 英国皇家化学学会期刊，网址：http：//pubs.rsc.org/

③ Wiley online library，网址：http：//onlinelibrary.wiley.com/

④ Elsevier SDOS 全文期刊数据库，网址：http：//www.sciencedirect.com

⑤ SpringerLink 全文数据库，网址：http：//www.springerlink.com/home/main.mpx

⑥ Oxford University Press，网址：http：//www.oxfordjournals.org/

⑦ Wiley InterScience，网址：http：//www3.interscience.wileg.com/cgi-bin/home

⑧ Science Online，网址：http：//www.sciencemag.org/

⑨ Nature 出版集团系列出版物（The Nature Publishing Group），网址：http：//www.nature.com

四、化学化工专利信息

专利是进行科学研究重要的文献参考资源，专利中有 70% 的信息不可能从其他的技术文献中获得。通过 Internet 可以查询一些国家在化学领域内的专利文献，可以了解有关的化学组成、与化学有关的过程、各种物质的用途等等，部分免费数据库如下：

① 国家知识产权局专利数据库（https：//www.cnipa.gov.cn/），由中华人民共和国国家知识产权局面向公众提供的免费专利检索数据库。内容涵盖了 1985 年 9 月 10 日以来我国公布的全部中国专利信息，包括发明、实用新型和外观设计 3 种专利的著录项目及摘要，并可浏览到各种说明书全文及外观设计图形。

② 欧洲专利数据库（http：//ep.espacenet.com/），该数据库内容包括了欧洲专利局的专利、世界知识产权组织的专利、世界范围内的专利以及日本专利。

③ 美国专利数据库（http：//www.uspto.gov/patft/index.html），由美国国专利商标局建立的官方性网站，免费向互联网用户提供美国专利全文和图像。分为授权专利数据库和申请专利数据库两部分。

④ 日本专利数据库（https://www.j-platpat.inpit.go.jp/web/all/top/BTmTopEnglishPage），该系统收集了各种公报的日本专利（特许和实用新案），有英语和日语两种工作语言，英文版收录自 1993 年至今公开的日本专利题录和摘要，日文版收录 1971 年开始至今的公开特许公报，1885 年开始至今的特许发明明细书，1979 年开始至今的公表特许公报等专利文献。

⑤ 世界专利信息试验检索平台（http://pat365.com/search.jsp）

⑥ 世界知识产权组织（http://www.wipo.int/pctdb/en/）

⑦ 德国专利商标局（http://www.dpma.de/patent/recherche/index.html）

⑧ 澳大利亚专利数据库（http://www.ipaustralia.gov.au/patents/index.shtml）

⑨ 英国专利数据库（http://www.patent.gov.uk/）

⑩ 加拿大专利数据库（http://patentsl.ic.gc.ca/intro-e.html）

⑪ 法国专利数据库（http://www.inpi.fr）

⑫ 新加坡专利（http://ww.surfip.gov.sg/sip/site/sip_home.htm）

⑬ 韩国专利局（http://eng.kipris.or.kr/eng/main/main_eng.jsp）

五、教材

① 赵藻藩，周性尧，张悟铭，等 . 仪器分析 . 北京：高等教育出版社，1990.

② 北京大学化学系仪器分析教学组 . 仪器分析教程 . 北京：北京大学出版社，1997.

③ 武汉大学化学系 . 仪器分析 . 北京：高等教育出版社，2001.

④ 方惠群，于俊生，史坚 . 仪器分析 . 北京：科学出版社，2002.

⑤ 陈培榕，李景虹，邓勃 . 现代仪器分析实验与技术 . 北京：清华大学出版社，2006.

⑥ 赵文宽，张悟铭，王长发，等 . 仪器分析实验 . 北京：高等教育出版社，1997.

⑦ 张剑荣，余晓冬，屠一锋，等 . 仪器分析实验 . 北京：科学出版社，2009.

⑧ 杨万龙，李文友 . 仪器分析实验 . 北京：科学出版社，2008.

⑨ 北京大学化学系分析化学教学组 . 基础分析化学实验 . 北京：北京大学出版社，1993.

⑩ Sawyer D T，Heineman W R，BeebeJ M. 仪器分析实验 . 方惠群，等译 . 南京：南京大学出版社，1989.

⑪ 汪尔康 . 21 世纪的分析化学 . 北京：科学出版社，2001.

⑫ 庄乾坤，刘虎威，陈洪渊 . 分析化学学科前沿与展望 . 北京：科学出版社，2012.

此外，网上还有各种化学化工物性数据库，能提供多种化合物的结构、性质、用途、红外光谱、质谱和化学反应等相关信息。可以通过搜索引擎、论坛以及与同学们相互交流，可以获得更多的信息。

我们列出了一些可以参考的设计性实验题目，根据需要选择，如下所示：

① 城市干道旁铅污染的统计分析

② 大气浮尘中微量元素的分析

③ 矿泉水中金属微量元素的分析

④ 尿中钙、镁、钠和钾的测定

⑤ 卤肉制品中亚硝酸盐含量的测定

⑥ 蔬菜中重金属含量的测定

⑦ 番茄中维生素 C 的测定

⑧ 茶叶中痕量氟、氯离子的测定

⑨ 依鲁替尼原研制剂中原料药的晶型鉴定

⑩ Ni/CeO$_2$ 界面元素组分的 XPS 深度剖析

⑪ 止痛片中阿司匹林、非那西汀和咖啡因含量的测定

⑫ 饮料中安赛蜜、苯甲酸等防腐剂、塑化剂的测定

⑬ 气相色谱-质谱联用法分析酒中的多种成分

⑭ 气相色谱-质谱联用法测定固定污染源废气中 VOC 的含量

⑮ 血液中循环肿瘤细胞的电化学测定

⑯ 二氧化钛纳米颗粒的高分辨电镜以及衍射分析

第五章

常规仪器操作规程

第一节　UV5100型分光光度计使用规程

一、基本操作

① 确保供电电压符合仪器设备规定输入电压值，确保仪器供电电源接地，连接仪器电源线。打开仪器开关，使仪器预热20min并进行自检。

② 设置测试方式：用<MODE>键选择透射比（T）或吸光度（A），已知标准样品浓度值（c）方式和已知标准样品斜率（F）方式。用波长选择旋钮设置测试所需的吸收波长。

③ 将参比样品溶液和被测样品分别倒入比色皿中，溶液的量一般不超比色皿的三分之二，打开样品室盖，将盛放有溶液的比色皿分别插入比色皿槽中，盖上样品室盖。一般情况下，参比样品放在第一个槽位中。

④ 仪器配套的比色皿，其透射比是经过配对测试的，未经配对处理的比色皿将影响样品的测试精度。比色皿透过部分表面不能有指印、溶液痕迹，被测溶液中不能有气泡悬浮物，否则也将影响样品测试的精度。

⑤ 将％T校具（黑体）置入光路中，在T方式下按"％T"键，此时显示器显示"000.0"。将参比样品推（拉）入光路中，按"0A/100％T"键调0A/100％T，此时显示器显示的"BLA"直至显示"100.0"％T或"0.000"A为止。

⑥ 当仪器显示器显示出"100.0"％T或"0.000"A后，将被测样品推（位）入光路中，这时，便可从显示器上得到被测样品的透射比或吸光度值。

二、比色皿的使用方法

① 比色皿必须根据测试的波长范围选定。在可见光区可以选用玻璃比色皿，而在紫外区分析时，由于玻璃在（300 ± 50）nm区有非常强的吸收，会对被测样品造成干扰，因此必须用在紫外区无吸收的石英比色皿。根据比色皿开口处的字母可以辨认比色皿的材质，"S"表示石英，"G"表示玻璃。

② 比色皿应垂直放置于光路中，如果倾斜会造成测试误差。

③ 拿比色皿时，手指只能捏住比色皿的毛玻璃面，不能碰比色皿的透光面，以免沾污。清洗比色皿时，一般先用水冲洗，再用蒸馏水洗净。如比色皿被有机物沾污，可用盐酸-乙醇混合洗涤液（1:2）浸泡片刻，再用水冲洗。不能用碱溶液或氧化性强的洗涤液洗比色

皿，以免损坏。也不能用毛刷清洗比色皿，以免损伤它的透光面。每次做完实验时，应立即洗净比色皿。

④ 比色皿外壁的透光面如有残液可先用滤纸轻轻吸附，然后再用镜头纸或丝绸擦拭，以保护透光面。

⑤ 测定有色溶液吸光度时，用有色溶液润洗比色皿内壁几次，以免改变有色溶液的浓度。另外，在测定一系列溶液的吸光度时，通常都按由稀到浓的顺序测定，以减小测量误差。

⑥ 在实际分析工作中，通常根据溶液浓度的不同，选用液槽厚度不同的比色皿，使溶液的吸光度控制在 0.2～0.7（吸光度与液层厚度呈正比）。

三、注意事项

1. 必须在开机前检查光路的通畅情况。

2. 为了防止光电管疲劳，不要连续光照，预热仪器时和不测定时应将试样室盖打开，使光路切断。

第二节　岛津 AA-6800 原子吸收分光光度计操作规程

一、火焰法测量

1. 开机

① 打开乙炔钢瓶主阀（逆时针旋转 1～1.5 周），顺时针调节减压阀旋钮使次级压力表指针指示为 0.09MPa。

② 打开空压机电源，调节输出压力为 0.35MPa。

③ 打开 AA-6800 主机电源，仪器发出"滴-滴-滴"三声后表明仪器自身检查完成。

2. 联机自检

双击启动软件，弹出语言选择画面，选择中文，进行元素选择，出现元素选择窗口，点击连接，电脑与主机建立通信，开始执行初始化。初始化执行至开始执行漏气检查项目，依照提示操作。按 AA 主机上的红色熄火按钮，开始执行 11min 的漏气检查，检查结束后会自动弹出"未检测到漏气"的提示窗口。点击确定即可。

3. 火焰测定参数设置

点击选择元素出现装载参数窗口，点击周期表，选择需要测定的元素符号。选择普通灯火焰。以测定 Cu 元素为例，点击编辑参数设置窗口，依次设置光学参数、重复测定条件、测定参数、工作曲线参数、燃烧器/气体、流量设置，然后点击确定。在光学参数页，设置波长、狭缝、点灯方式、灯电流后，点击点灯，待点灯完成后，点击谱线搜索。搜索完成后，在重复测定条件页，设置空白、标准、样品及校正斜率标样的重复测定次数。在测定参数页，设置测试过程中的重复次序、预喷雾时间、积分时间以及响应时间。在工作曲线参数页设置浓度单位、工作曲线的次数、是否零截距。在燃烧器/原子化器页，设置燃气的流量以及燃烧器的高度、角度。设置好以上五项内容后，点击确定。下一步设置制备参数，选择编辑，设置标准样品的数量、浓度并点击确定。点击下一步，设置样品标识符以及待测样品的数量。点击下一步，确认此元素所需测试的样品，点击下一步，点击连接/发送参数，点击下一步，再次确认光学参数，点击下一步，确认设置气体流量、燃烧器高度。点击完成，完成火焰测试的参数设置。

4. 样品测试

点火前确认 C_2H_2 气已供给、空气已供给、排风机电源已打开。同时按住 AA 主机上的黑、白按钮（或者绿色点火键），等待火焰点燃。火焰点燃后，吸引纯净水，观测火焰是否正常。吸引纯净水，火焰预热 15min 后开始样品测试。吸引纯净水，点击自动调零，吸引空白溶液，点击空白，根据工作表的顺序，依次吸引相应浓度的标准溶液，点击开始执行标准样品的测试，所有标准溶液测试结束后软件会自动绘出校准曲线，并给出较准方程与相关系数。判定校准曲线是否满足测定要求，若满足测定要求，即可继续测定未知样品。否则，检查仪器状态，重新测定标准样品。

5. 关机

测试完成后，吸引纯净水 10min 后，选择仪器菜单下的余气燃烧，将管路中剩余的气体烧尽。关闭空压机电源，将空压机气缸中的剩余气体放空。如果在放气过程中发现有水随着气体喷出，请将空压机气缸充满气后，重新放气，并重复操作，直到将气缸中的水排净为止。关闭排风机电源，关闭 AA 主机电源，关闭 PC 电源。

二、石墨炉法测量

1. 开机

① 打开 ASC-6100 自动进样器电源。

② 打开 GFA-EX7 石墨炉电源。

③ 打开氩气钢瓶主阀（完全旋开），顺时针调节减压阀旋钮使次级压力表指针指示为 0.35MPa。

④ 打开冷却循环水电源。

2. 设置参数

点击选择元素，出现装载参数窗口。点击周期表选择需要测定的元素符号，选择石墨炉普通灯，使用 ASC 并点击确定。点击编辑参数，出现编辑参数的设置窗口，依次设置光学参数、重复测定条件、工作曲线参数、石墨炉程序，后再点击确定。在光学参数页，设置波长、狭缝、点灯方式、灯电流后，点击点灯，待点灯完成后，点击谱线搜索。谱线搜索正常完成后，点击确定。在重复测定条件页，设置空白、标准、样品及校正斜率标样的重复测定次数。在工作曲线参数页，设置浓度单位、工作曲线的次数、是否零截距。在石墨炉程序页，设置样品的升温程序，确认以上四项设置完成后，单击确认。点击下一步进入制备参数设置页面，单击编辑，在如下窗口中设置标准样品个数、浓度、自动进样器位置以及标准样品的进样体积。编辑好后请单击确定。选择下一步，进行样品标识符设置，同时测定非常多的样品时，可单击集体设置。设置后单击确定。选择下一步，确认需要测定的样品。点击下一步，单击连接发送参数，点击下一步，确认光学参数。点击下一步，确认石墨炉升温程序，点击完成。

3. 测试

参照硬件操作说明，设置好石墨炉管口位置，开始执行测量。点击试验测定，选择手动测定的方式，测试仪器状态、石墨管状态是否满足测试要求。干净无污染的石墨管的吸光度应该在 0.00··· 左右。如果试验测定正常，则点击开始执行测定。Wizzard 软件会根据设置自动完成所有设置样品的测定。

注：建议用户在工作曲线测试完成后，确认曲线是否满足要求。

4. 关机

测试完成后依次关闭：石墨炉加热开关、石墨炉电源开关、冷却循环水装置、Ar 气钢瓶主阀、AA 主机电源。

第三节　F-7000 荧光光度计仪器结构及性能

F-7000 荧光光度计（图 5.1）的荧光、生物/化学发光、磷光以及磷光寿命的测定都是标准功能；波长范围在 200～750nm；扫描速度达 30000nm/min，仍保持良好的光谱性能；波长移动速度为 60000nm/min；完成三维测量，波长扫描（荧光、磷光、发光），时间扫描（荧光、磷光、发光），定量分析（荧光、磷光、发光），磷光寿命测定，三波长测定；具有内置的切光器功能，可使样品在激发光束下的暴露时间缩短，从而保护容易发生光反应的样品；采用 FL-Solution 控制软件，操作方便。

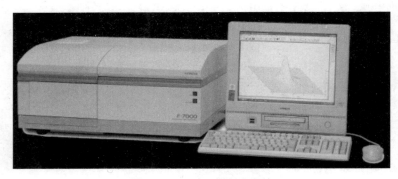

图 5.1　F-7000 荧光光度计

一、主要性能指标

① 灵敏度：S/N>800（RMS），S/N>250（P-P）

② 最小样品量：0.6mL（使用标准 10mm 方形样品池）

③ 狭缝方式：水平狭缝

④ 光度模式：150W 氙灯

⑤ 单色器：机刻凹面衍射光栅，900g/mm，F2.2

⑥ 激发侧闪耀波长：300nm

⑦ 发射侧闪耀波长：400nm

⑧ 测量波长范围（EX 和 EM）：EX，200～800nm；EM，200～750nm；零级光（使用备选的检测器 R928 可扩展至 900nm）

⑨ 光谱带宽：激发侧，1nm、2.5nm、5nm、10nm、20nm，发射侧，1nm、2.5nm、5nm、10nm、20nm

⑩ 波长移动速度：60000nm/min

⑪ 工作温度/湿度：15～35℃，45%～80%（不可有冷凝现象，35℃以上时湿度为 70% 以下）

二、仪器结构

荧光光度计与紫外可见分光光度计的基本组成部件相同，即有光源、单色器、样品池、检测器和记录显示装置五个部分。荧光仪器有两个单色器，分别用于选择激发波长和荧光发射波长。除了基本部件的性能不同外，荧光光度计与紫外可见分光光度计的最大不同是，荧光的测量通常在与激发光垂直的方向上进行，以消除透射光和杂散光对荧光测量的影响。

三、基本操作步骤

① 打开仪器主机和电脑电源。

② 点击桌面"FL Solutions"。

③ 放入样品，寻找激发波长。点击"Method"，出现对话框，点击"General"，在"Measurement"中选择"Wavelength Scan"，点击"Instrument"，在"Scan Mode"中选择"Excitation"，在"Data Mode"中只选"Fluorescence"，在"EX End WL"中输入发射波长数值。在"EX Start"中输入激发起始波长，在"EX End WL"中输入激发终止波长，点击确定即可得到荧光物质的激发光谱曲线。

④ 寻找发射波长，同上法。在"Scan Mode"中选"Emision"，作出荧光物质的发射荧光曲线。

⑤ 定量分析，点击"Method"出现对话框，点击"General"，在"Measurement"中选"Photometry"，点击"Quanitation"，在"Quantitation"中选"Wavelength"，在"Calibration"中选"1st Order"，点击"Instrument"，在"Data Mode"中选"Fluorescence"。在"Wavelength"中选择"Both WLFixed"。在"WL1"中输入已经测定的"EX"和"EM"，点击"Standard"输入配制的已知标准溶液的浓度。

⑥ 依次放入标准样品，点击"Measure"，直到测完，即得到曲线。

⑦ 将未知样品进行测量。

⑧ 测量完毕，关闭主机和电脑。

四、注意事项

1. 狭缝宽度一般为 5nm 或 10nm，如果要改变狭缝宽度时先选定狭缝宽度，光栅自动关闭，自动调零，点击"仪器"设置狭缝宽度（光栅关闭，自动调零）选择"打开"。

2. 定量分析时，选单波长时，在"WL"中选"EX"和"EM"都固定，选双波长或三波长法时，不能选"Both WL Fixed"。

第四节　Nicolet 6700 型傅立叶红外光谱仪操作规程

一、试样的制备

1. 固体样品

① 压片法：取 1～2mg 样品在玛瑙研钵中研磨成细粉末与干燥溴化钾（A. R. 级）粉末（约 100mg，粒度 200 目）混合均匀，装入模具内，在压片机上压制成片测试。

② 糊状法：在玛瑙研钵中，将干燥样品研磨成细粉末。然后滴入 1～2 滴液体石蜡混研成糊状，涂于 KBr 或 BaF$_2$ 晶片上测试。

③ 溶液法：把样品溶解在合适溶液中，注入液体池内测试。所选择溶剂应不腐蚀池窗，在分析波数范围内没有吸收，并对溶质不产生溶剂效应。通常使用 0.1mm 液体池，溶液浓度在 10% 左右为宜。

2. 液体样品

① 液膜法：油状或黏稠液体，直接涂于 KBr 晶片上测试。流动性大，沸点低（≤100℃）的液体，可夹在两块 KBr 晶片之间或直接注入厚度适当的液体池内测试（液体池的安装见说明书）。对极性样品的清洗剂一般用 CHCl$_3$，非极性样品清洗剂一般用 CCl$_4$。

② 水溶液样品：可用有机溶剂萃取水中的有机物，然后将溶剂挥发干，所留下的液体涂于 KBr 晶片上测试。应特别注意含水的样品坚决不能直接接触 KBr 或 NaCl 窗片液体池内测试。

3. 塑料、高聚物样品

① 溶液涂膜：把样品溶于适当的溶剂中，然后把溶液一滴一滴的滴加在 KBr 晶片上，待溶剂挥发后对留在晶片上的液膜进行测试。

② 溶液制膜：把样品溶于适当的溶剂中，制成稀溶液，然后倒在玻璃片上待溶剂挥发后，形成一薄膜（厚度最好在 0.01～0.05mm），用刀片剥离。薄膜不易剥离时，可连同玻璃片一起浸在蒸馏水中，待水把薄膜湿润后便可剥离。这种方法溶剂不易除去，可把制好的薄膜放置 1～2 天后再进行测试。或用低沸点的溶剂萃取掉残留的溶剂，这种溶剂不能溶解高聚物，但能和原溶剂混溶。

4. 磁性膜材料

直接固定在磁性膜材料的样品架上测定。

二、傅立叶红外光谱仪基本操作

1. 开启傅里叶变换红外光谱仪

开启稳压电源开关，按光学台、打印机及电脑次序开启仪器，进入 WINDOWS 操作系统，开机预热 30min。

2. 启动 OMNIC 软件

开始/全部程序/Thermo scientific OMNIC，弹出以下对话框。点击 OMNIC 或者桌面上的快捷图标，启动 OMNIC 软件（图 5.2）。仪器进入自检状态，联机成功后，光学台状态正常的情况下，OMNIC 软件界面右上角，Bench Status（光学台状态）会显示一个绿色的 √ 号。

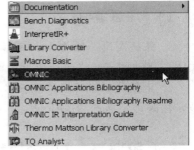

图 5.2　启动 OMNIC 软件

3. 红外数据的采集与处理

（1）实验设置

在 OMNIC 软件主界面，点击 Collect（采集）/Experiment Setup（实验设置，图 5.3），设置光学参数、采样模式、分辨率及背景处理方法等实验条件。扫描次数通常选择 32 次。分辨率指是数据间隔，通常固体、液体样品选 4，气体样品选择 2。校正选项中可选择交互 K-K 校正，消除刀切峰。背景的处理，可以设置每次采样前采集背景，也可以设置采样后采集背景。如果样品较多，在较短的时间内，也可以使用指定背景文件，无需每次采样都测背景。

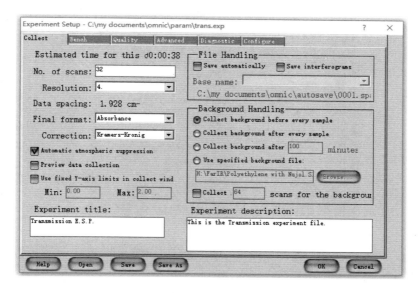

图 5.3　实验设置

（2）谱图采集

点击 Collect（采集）/Collect Sample（采集样品，图 5.4），开始测背景，背景做完后会出现对话框，系统提示加入样品，打开样品仓盖，将测试样品放置红外光谱仪的样品架上，调整高度和位置，使样品处在光路中，再点击对话框中的确定，系统开始采集样品的谱图。样品测试过程中，系统自动扣除背景，所测样品的谱图显示在谱图窗口。采样结束后，系统提示输入谱图标题。

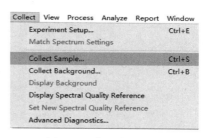

图 5.4　谱图采集界面

（3）数据处理

① 吸光度与透过率的转换：点击 Process（数据处理）/Absorbance（吸光度）及 % Transmittance（吸光度），即可完成吸光度与透过率的相互转换（图 5.5）。

② 平滑处理：点击 Process（数据处理）/Automatic Smooth（自动平滑），过滤掉无用的毛峰，剪切掉平滑前的数据；效果不理想的话，还可以设置参数，选择 Smooth（手动平滑）。

③ 基线校正：样品压片透明度差的情况下，所测谱图基线往往是斜的，需要做基线校正。点击 Process（数据处理）/Automatic Baseline Correct（自动基线校正），进行图形基线校正，使图谱在同一水平；也可以选择 Baseline Correct（基线校正），手动把基线拉到同一个水平上。

④ 标峰：点击 Analyze（分析）/Find peaks（标峰），进行标峰；然后点击谱图右上角 Replace（替代）。对于个别未标出的峰，可以选用手动标峰工具 T 进行标峰。

⑤ 数据的存储：数据采集及处理结束后，保存数据，存成 SPA 格式（OMNIC 软件识别格式）和 CSV 格式（Origin 数据处理软件可以打开）。

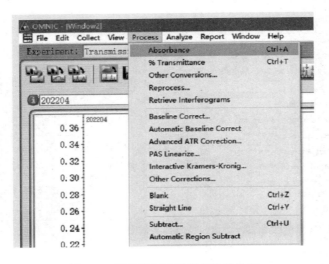

图 5.5 吸光度与透过率转换的界面

4. 谱图检索

（1）确定谱图库

点击 Analyze（分析）/Library Setup（谱库设置），选中想要被检索的谱图库（图 5.6），点击 Add（添加）按钮，进行添加，可以同时选择多个谱库。选完谱库后，点击 OK 按钮。

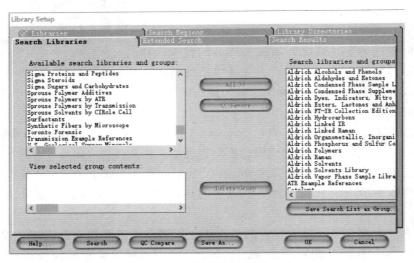

图 5.6 谱库设置界面

（2）谱图检索

选择好检索图谱库后，点击 Analyze（分析）/Search（检索），电脑自动从谱库里检索匹配度最高的化合物的谱图（图 5.7），按照匹配度高低顺序排列检索结果。

5. 系统的退出及关机

实验结束后，先退出 OMNIC 程序，关闭电脑，取出样品，关闭光学平台开关，清理台面，将玛瑙研钵及压片模具擦干净放好，认真做好实验使用记录。

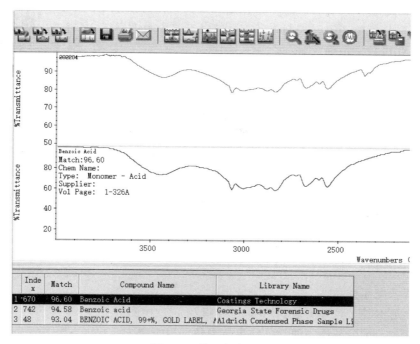

图 5.7　谱图检索界面

第五节　气相色谱仪器及操作方法

一、气相色谱法

用气体作为流动相的色谱法叫气相色谱法，这种方法主要利用物质的沸点、极性及吸附性质的差异来实现混合物的分离。待测样品在汽化室汽化后被惰性气体带入色谱柱，柱内含有液体或固体固定相，由于样品中各组分的沸点、极性或吸附性能不同，每种组分都倾向于在流动相和固定相之间形成分配或吸附平衡。由于载气的流动，样品组分随流动相一起迁移，并在两相间进行反复多次的分配（吸附-脱附或溶解-解析），结果在载气（流动相）中分配浓度大的组分先流出色谱柱，而在固定相中分配浓度大的组分后流出。待测样品中各组分经色谱柱分离后，按先后次序经过检测器时，检测器就将流动相中各组分浓度或质量的变化转变为相应的电信号，由记录仪记录的信号时间曲线或信号流动相体积曲线，称为色谱流出曲线，包含了色谱的全部原始信息。经过与标准物或标准值对比，可以区分出是什么组分，即定性分析；根据峰高度或峰面积可以计算出各组分含量，即定量分析，将毛细管柱应用到气相色谱法，使气相色谱法的高效能、高选择性、高速度的特点更加突出，应用领域更加广泛。只要在色谱温度适用范围内，具有 20～1300 Pa 蒸气压，或沸点在 500℃以下和分子量在 400 以下的化学稳定物质，原则上均可采用气相色谱法进行分析。气相色谱法还可以同质谱、红外等多种分析仪器联用。

二、GC-2014气相色谱仪结构及性能

GC-2014 气相色谱仪（图 5.8）主要由载气系统、进样系统、色谱柱、检测器和数据处

理系统组成。GC-2014 具有灵活的气路控制方式，不仅可以手动调节，而且可以配备高精度电子流量控制单元，可同时安装 4 个进样口、4 个检测器，各单元可独立精确控温。

三、主要性能指标

① 柱温箱温度使用范围：（室温＋10）～420℃（使用液态二氧化碳时，温度－50～420℃）。程序段数为 20 段（可用降温程序）。

② 进样口温度范围：约 420℃。进样单元种类：双填充柱、单填充柱、分流/不分流。

③ 检测器单元温度范围：约 420℃（FID、TCD、FTD）；约 400℃（ECD、FPD）。检测器单元种类有 FID、TCD、ECD、FPD，毛细管柱用/填充柱用 FTD。

图 5.8　GC-2014
气相色谱仪

四、操作步骤

① 根据要求配制样品。

② 选择合适的柱子，并安装到 SPL 进样口及 FID 检测器上。

③ 打开气源，调节减压阀使气体输出压力达到以下要求：He、N_2、Ar 为载气时 0.7～0.9MPa；H_2 为载气时 0.3～0.5MPa；当检测器为 FID、FTD、FPD 时还需使用 H_2 和空气，H_2 输出压力 0.2～0.5MPa，空气输出压力 0.3～0.5MPa。

④ 打开主机电源开关，在主机自检完成后，打开电脑上实时分析工作站。

⑤ 在监视器窗口中确认：载气及吹扫流量为"打开（on）"状态；FID 检测器及点火为"关闭（off）"状态；附加流量控制为"打开（on）"状态；点击"仪器参数"图标，将进样口温度设置为 30℃、柱温箱温度设置为 40℃、检测器温度设置为 150℃，然后点击"下载"。

⑥ 待检测器温度上升到 150℃以上，打开氢气发生器和空气泵，调节氢气压力表为 55kPa，空气压力表为 40kPa。然后将工作站中的检测器和点火设置为"打开"状态，等待点火成功。

⑦ 根据样品要求设置进样口、柱温箱温度，实施样品分析检测。

⑧ 当检测结束时，设置进样口温度为 40℃，柱温箱温度为 30℃，检测器温度为 40℃。点击"下载"。当柱温箱温度降到 30℃时，关闭点火和检测器，同时关闭空气和氢气。等检测器温度降到 100℃以下，关闭工作站，然后关闭主机电源。

⑨ 关闭氮气总阀，关掉总电源。

五、注意事项

1. 防止明火，注意安全。

2. 分析室周围要远离强磁场以及易燃和强腐蚀性气体。

3. 室内环境温度应在 5～35℃范围内，相对湿度≤85%，且室内保持空气畅通，最好安装空调。

4. 载气、空气及氢气需要安装气体净化装置，保证气体纯度。

5. 实验时注意观察气泵压力表，以免漏气，一旦漏气可以及时发现。

第六节　液相色谱法仪器及操作方法

一、液相色谱法

用液体作为流动相的色谱法称为液相色谱法。现代液相色谱法在经典液体柱色谱法的基础上，引入了气相色谱法的理论，如塔板理论、速率理论等。在技术上采用了高压泵、高效固定相和高灵敏度检测器，所以又称为高效液相色谱法。气相色谱法虽具有分离能力好、灵敏度高、分析速度快、操作方便等优点，但是受技术条件的限制，沸点太高的物质或热稳定性差的物质都难以应用气相色谱法进行分析。而高效液相色谱法，只要求试样能制成溶液，而不需要汽化，因此不受试样挥发性的限制。对于高沸点、热稳定性差、分子量大（400 以上）的有机物（这些物质几乎占有机物总数的 75%～80%），原则上都可应用高效液相色谱法来进行分离、分析。液相色谱法根据固定相的性质可分为吸附色谱法、键合相色谱法、离子交换色谱法和空间排阻色谱法等。

二、　Aglient 1200 液相色谱仪结构及性能

Aglient 1200 液相色谱仪基本结构如图 5.9 所示，主要包括：①手动进样器，②真空脱气机（混合器），③四元泵（或二元泵），④柱温箱（色谱柱），⑤检测器（多波长紫外、电喷雾质谱等），⑥馏分收集器，⑦计算机及控制软件系统（安捷伦化学工作站）。

图 5.9　Aglient 1200 液相色谱仪

三、操作步骤

1. 准备

流动相所使用的蒸馏水为高纯水，其电阻率是 $18.2 M\Omega \cdot cm$；所配制的流动相如果含盐，需经过 $0.45\mu m$ 的过滤膜抽滤；流动相超声波脱气处理 10min；样品建议用流动相配制，并经 $0.45\mu m$ 针筒式过滤器过滤。

2. 开机

① 依次打开混合器（真空脱气机）、四元泵、多波长紫外检测器、柱温箱；

② 打开计算机并启动安捷伦化学工作站；

③ 调入运行方法，对流速、柱温、检测波长、参比、记录时间等进行设置。

3. 进样操作与数据采集

① 用进样器（平口）吸取待测试液并排除气泡，注入手动进样器（进样阀旋钮开关 Load）中；

② 在工作站窗口菜单中设定"方法及数据存放路径\目录"，"样品信息"设定序列文件名称、样品注释、进样量等；

③ 扳下进样阀旋钮开关（Inject，快速、到位），各图标颜色变为"蓝色"，开始采集并记录色谱流出图数据；并存放于指定目录中。采集结束后，自动打印报告到目录文件中。

4. 关机

清洗色谱系统，直到压力稳定、基线平直，关闭安捷伦化学工作站、仪器、计算机。

四、日常维护

1. 定期清洗单向阀：将单向阀卸下，一般先用纯净水超声 10min，然后用异丙醇超声 10min；也可直接用异丙醇超声 10min。

2. 定期清洗吸滤头：将吸滤头卸下，一般先用纯净水超声 10min，然后用异丙醇超声 10min；也可直接用异丙醇超声 10min。

3. 定期冲洗检测池：把色谱柱卸下，在流速 1.0mL/min 的状态下先用纯净水冲洗 30min，然后再用 30％磷酸（色谱级）冲洗 30min 左右，再用超纯水冲洗至流出液为中性，最后用甲醇冲洗，待用。

五、注意事项

1. 流动相以及试剂的配制必须用 HPLC 级的试剂，使用前过滤除去其中的颗粒性杂质和其他物质（使用 0.45μm 或更细的膜过滤）。注意：过滤膜分水性和油性两种，根据流动相的性质（油性或者水性）选取不同的过滤膜。

2. 流动相过滤后要用超声波脱气，脱气后应该恢复到室温后使用。

3. 纯乙腈作为流动相会使单向阀粘住而导致泵不进液，因此，避免使用纯乙腈作为流动相。使用缓冲溶液时，测完样品后应立即用去离子水冲洗管路及柱子（1h），然后用甲醇（或甲醇水溶液）冲洗 40min 以上，以充分洗去离子。对于柱塞杆外部，做完样品后也必须用去离子水冲洗 20min 以上。

4. 长时间不用仪器应该将柱子取下用堵头封好保存，注意不能用纯水保存柱子，而应该用有机相（如甲醇等）。

5. 每次测完样品后应该用能溶解样品的溶剂清洗进样器。

6. C18 柱绝对不能进蛋白质样品、血样、生物样品。

7. 堵塞导致压力太大时，按预柱→混合器中的过滤器→管路过滤器→单向阀检查并清洗。清洗方法：以异丙醇作溶剂冲洗；放在异丙醇中用超声波清洗；用 10％稀硝酸清洗。

8. 气泡会致使压力不稳，重现性差，所以在使用过程中要尽量避免产生气泡。

9. 如果进液管内不进液体时，要使用注射器吸液，通常在输液前要进行流动相的清洗。

10. 要注意柱子的 pH 值范围，不得注射强酸强碱性的样品，特别是强碱性样品。

11. 更换流动相时应该先将吸滤头部分放入烧杯中边振动边清洗，然后插入新的流动相中。更换无互溶性的流动相时要用异丙醇过渡。

第七节 LK98Ⅱ电化学工作站操作说明

一、仪器的启动与自检

① 将主机与计算机、外设等连接好。

② 打开计算机的电源开关，打开 LK98Ⅱ电化学工作站主机的电源开关。在 Windows XP 操作平台下运行"LK98Ⅱ.exe"，进入主界面。按下仪器主机前面板的"复位"键，这

时主控菜单上应显示"系统自检"界面（如图 5.10 所示），待自检界面通过后，在"设置"菜单上选择"通讯测试"，此时主界面下方显示"连接成功"，系统进入正常工作状态。

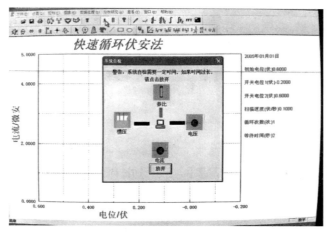

图 5.10　电化学工作站运行主界面

③ 如果上述操作不能使仪器进入正常工作状态，如采样过程不停止，或不传送数据等，这时应中断实验，进行硬件测试。如果硬件测试不成功，应按下"复位"键复位。请再仔细检查各个连接线是否连接正确，电脑主机上的串口是否损坏。确认各连接线正确无误，电脑主机上的串口完好后，仪器仍然无法正常工作时，应立即与生产厂家联系。

④ 为了随时了解系统的工作状态，LK98II 型设置了"硬件测试"功能。在主控菜单下打开"设置"菜单，单击"通信测试"，如果系统工作正常，屏幕下方应弹出"系统连接成功"对话框。否则，表明计算机与主机的联系中断，这时按下仪器前面板上的"复位"键复位。

二、循环伏安法

① 打开计算机的电源开关，打开 LK2005A 电化学工作站主机的电源开关。

② 在方法分类中选择"线性扫描技术"，再在实验方法中双击"循环伏安法"，即弹出"参数设置"对话框，根据实验要求设置各参数。

③ 参数设置完成后按下"确定"键，即参数设定完成，返回主菜单。开始实验，实验结束后，保存实验数据。

三、差分脉冲溶出伏安法

① 打开计算机的电源开关，打开 LK2005A 电化学工作站主机的电源开关。

② 在方法分类中选择"脉冲技术"，再在实验方法中双击"差分脉冲溶出伏安法"，即弹出"参数设置"对话框，根据实验要求设置各参数。

③ 参数设置完成后按下"确定"键，即参数设定完成，返回主菜单。

④ 开始实验，实验结束后，保存实验数据。

附　　录

附录一　分析实验室用水的规格和制备

分析实验室用于溶解、稀释和配制溶液的水，都必须先经过纯化。分析要求不同，对水质纯度的要求也不同。故应根据不同要求，采用不同纯化方法制得纯水。

一般实验室用的纯水有蒸馏水、二次蒸馏水、去离子水、无二氧化碳蒸馏水、无氨蒸馏水等。

一、分析实验室用水的规格

根据中华人民共和国国家标准 GB 6682—92《分析实验室用水规格和试验方法》的规定，分析实验室用水分为三个级别：一级水、二级水和三级水。分析实验室用水应符合附表 1.1 所列规格。

附表 1.1　分析实验室用水规格

项目		一级	二级	三级
pH 值的范围(25℃)		—①	—	5.0~7.5
电导率 κ(25℃)/(mS/m)	≤	0.01	0.01	0.05
可氧化物质(以 O 计),$\rho(O)$/(mg/L)	≤	—	0.08	0.4
吸光度 A(254 nm,1cm 光程)	≤	0.001	0.01	
蒸发残渣(105℃±2℃),$\rho(O)$/(mg/L)	≤	—	1.0	2.0
可溶性硅(以 SiO_2 计)$\rho(SiO_2s)$/(mg/L)	≤	0.01	0.02	

① 难以测定，不做规定。

一级水用于有严格要求的分析实验，包括对颗粒有要求的实验，如高效液相色谱用水。一级水可用二级水经过石英设备蒸馏或离子交换混合床处理后，再经 $0.2\mu m$ 微孔滤膜过滤来制取。

二级水用于无机痕量分析等实验，如原子吸收光谱分析用水。二级水可用多次蒸馏或离子交换等方法制取。

三级水用于一般化学分析实验。三级水可用蒸馏或离子交换等方法制取。

实验室使用的蒸馏水，为保持纯净，蒸馏水瓶要随时加塞，专用虹吸管内外均应保持干净。蒸馏水瓶附近不要存放浓 $NH_3 \cdot H_2O$、HCl 等易挥发试剂，以防污染。通常用洗瓶取蒸馏水。用洗瓶取水时，不要取出其塞子和玻璃管，也不要把蒸馏水瓶上的虹吸管插入洗瓶内。

通常，普通蒸馏水保存在玻璃容器中，去离子水保存在聚乙烯塑料容器中。用于痕量分析的高纯水，如二次亚沸石英蒸馏水，则需要保存在石英或聚乙烯塑料容器中。

二、水纯度的检查

按照国家标准 GB 6682—92 所规定的试验方法检查水的纯度是法定的水质检查方法。根据各实验室分析任务的要求和特点往往对实验用水也经常采用如下方法进行一些项目检查：

① 酸度：要求纯水的 pH 值在 6～7。检查方法是在两支试管中各加 10mL 待测的水，一管中加 2 滴 0.1％甲基红指示剂，不显红色；另一管加 5 滴 0.1％溴百里酚蓝指示剂，不显蓝色，即为合格。

② 硫酸根：取待测水 2～3mL 放入试管中，加 2～3 滴 2mol/L 盐酸酸化，再加 1 滴 0.1％氯化钡溶液，放置 15 h，不应有沉淀析出。

③ 氯离子：取 2～3mL 待测水，加 1 滴 6mol/L 盐酸酸化，再加 1 滴 0.1％硝酸银溶液，不应产生浑浊。

④ 钙离子：取 2～3mL 待测水，加数滴 6mol/L 氨水使呈碱性，再加饱和草酸铵溶液 2 滴，放置 12h 后，无沉淀析出。

⑤ 镁离子：取 2～3mL 待测水，加上滴 0.1％达旦黄及数滴 6mol/L 氢氧化钠的溶液，如有淡红色出现，即有镁离子，如呈橙色则合格。

⑥ 铵离子：取 2～3mL 待测水，加 1～2 滴纳氏试剂，如呈黄色则有离子。

⑦ 游离二氧化碳：取 100mL 待测水注入锥形瓶中，加 3～4 滴 0.1％酚溶液，如呈淡红色，表示无游离二氧化碳；如为无色，可加 0.1000mol/L 氢氧化钠溶液至淡红色，1min 内不消失，即为终点。计算出游离二氧化碳的含量。注意，氢氧化钠溶液用量不能超过 0.1mL。

三、水纯度分析结果的表示

通常用以下几种表示方法：

① 毫克/升（mg/L）：表示每升水中含有某物质的毫克数。

② 微克/升（μg/L）：表示每升水中含有某物质的微克数。

③ 硬度：我国采用 1L 水中含有 10mg 氧化钙作为硬度的 1 度，这和德国标准一致，所以有时也称作 1 德国度。

四、各种纯度水的制备

1. 蒸馏水

将自来水在蒸馏装置中加热汽化，然后将蒸汽冷凝即可得到蒸馏水。由于杂质离子一般不挥发，所以蒸馏水中所含杂质比自来水少得多，比较纯净，可达到三级水的指标，但还有少量金属离子、二氧化碳等杂质。

2. 二次石英亚沸蒸馏水

为了获得比较纯净的蒸馏水，可以进行重蒸馏，并在准备重蒸馏的蒸馏水中加入适当的试剂以抑制某些杂质的挥发。如加入甘露醇能抑制硼的挥发。加入碱性高锰酸钾可破坏有机物并防止二氧化碳蒸出。二次蒸馏水一般可达到二级水指标。第二次蒸馏通常采用石英亚沸蒸馏器，其特点是在液面上方加热，使液面始终处于亚沸状态，可使水蒸气带出的杂质减至最低。

3. 去离子水

去离子水是使自来水或普通蒸馏水通过离子树脂交换柱后所得的水。制备时，一般将水依次通过阳离子树脂交换柱、阴离子树脂交换柱、阴阳离子树脂混合交换柱。这样得到的水纯度比蒸馏水纯度高，质量可达到二级或一级水指标，但对非电解质及胶体物质无效，同时会有微量的有机物从树脂中溶出，因此，根据需要可将去离子水进行重蒸馏以得到高纯水。市售 70 型离子交换纯水器可用于实验室制备去离子水。

4. 特殊用水的制备

无氨蒸馏水：①每升蒸馏水中加 25mL 5％的氢氧化钠溶液后，再煮沸 1h，然后用前面的方法检查铵离子。②每升蒸馏水中加 2mL 浓硫酸，再重蒸馏，即得无氨蒸馏水。

无二氧化碳蒸馏水：煮沸蒸馏水，直至煮去原体积的 1/4 或 1/5，隔离空气，冷却即得。此水应储存于连接碱石灰吸收管的瓶中，其 pH 值应为 7。

无氯蒸馏水：将蒸馏水在硬质玻璃蒸馏器中先表沸，再进行蒸馏，收集中间馏出部分，即得无氯蒸馏水。

附录二　纯水的表观密度

温度/℃	表观密度/(g/mL)	温度/℃	表观密度/(g/mL)
10	0.9984	21	0.9970
12	0.9982	23	0.9966
13	0.9981	24	0.9963
14	0.9980	25	0.9961
15	0.9979	26	0.9959
16	0.9978	27	0.9956
17	0.9976	28	0.9954
18	0.9975	29	0.9951
19	0.9973	30	0.9948
20	0.9972		

附录三　常用缓冲溶液的配制

pH 值	配制方法
0	1mol/L HCl 溶液
1.0	0.1mol/L HCl 溶液
2.0	0.01mol/L HCl 溶液
3.6	NaAc·3H$_2$O 8g 溶于适量水中，加 6mol/L HAc 溶液 134mL，稀释至 500mL
4.0	将 60mL 冰醋酸和 16g 无水醋酸钠溶于 100mL 水中，稀释至 500mL
4.5	将 30mL 冰醋酸和 30g 无水醋酸钠溶于 100mL 水中，稀释至 500mL

pH 值	配制方法
5.0	将 30mL 冰醋酸和 60 g 无水醋酸钠溶于 100mL 水中,稀释至 500mL
5.4	40g 六亚甲基四胺溶于 80mL 水中,加入 20mL 6mol/LHCl 溶液
5.7	100g NaAc·$3H_2O$ 溶于适量水中,加 6mol/L HAc 溶液 13mL,稀释至 500mL
7.0	77 g NH_4Ac 溶于适量水中,稀释至 500mL
7.5	60g NH_4Cl 溶于适量水中,加浓氨水 1.4mL,稀释至 500mL
8.0	50g NH_4Cl 溶于适量水中,加浓氨水 3.5mL,稀释至 500mL
8.5	40g NH_4Cl 溶于适量水中,加浓氨水 8.8mL,稀释至 500mL.
9.0	35g NH_4Cl 溶于适量水中,加浓氨水 24mL,稀释至 500mL
9.5	27g NH_4Cl 溶于适量水中,加浓氨水 63mL,稀释至 500mL
10	27g NH_4Cl 溶于适量水中,加浓氨水 175mL,稀释至 500mL
11	3g NH_4Cl 溶于适量水中,加浓氨水 207mL,稀释至 500mL
12	0.01mol/L NaOH 溶液
13	1mol/L NaOH 溶液

附录四　市售酸碱试剂的密度、含量及浓度

试剂名称	密度/(g/mL)	含量/%	浓度/(mol/L)
浓盐酸	1.18~1.19	36.0~38.0	11.6~12.4
浓硝酸	1.39~1.40	65.0~68.0	14.4~15.2
浓硫酸	1.83~1.84	95.0~98.0	17.8~18.4
磷酸	1.69	85.0	14.6
高氯酸	1.68	70.0~72.0	11.7~12.0
冰醋酸	1.05	99.8(优级纯)	17.4
氢氟酸	1.13	40.0	22.5
氢溴酸	1.49	47.0	8.6
氨水	0.88~0.90	25.0~28.0	13.3~14.8

附录五　常见参比电极在水溶液中的电极电位

T/℃	甘汞电极			$Hg\mid Hg_2SO_4, H_2SO_4$ $[\alpha(SO_4^{2-})=1mol/L]$	$Ag\mid AgCl, Cl^-$		
	0.1mol/L KCl	1mol/L KCl	饱和 KCl		3.5mol/L KCl	饱和 KCl	氢醌电极
0	0.3380	0.2888	0.2601	0.63495	—	—	0.6807
5	0.3377	0.2876	0.2568	0.63097	—	—	0.6844
10	0.3374	0.2864	0.2536	0.62704	0.2152	0.2138	0.6881

| T/℃ | 甘汞电极 | | | Hg\|Hg₂SO₄,H₂SO₄ $[\alpha(SO_4^{2-})=1mol/L]$ | Ag\|AgCl,Cl⁻ | | |
	0.1mol/L KCl	1mol/L KCl	饱和 KCl		3.5mol/L KCl	饱和 KCl	氢醌电极
15	0.3371	0.2852	0.2503	0.62307	0.2117	0.2089	0.6918
20	0.3368	0.2740	0.2471	0.61930	0.2082	0.2040	0.6955
25	0.3365	0.2828	0.2438	0.61515	0.2046	0.1989	0.6992
30	0.3362	0.2816	0.2405	0.61107	0.2009	0.1939	0.7029
35	0.3359	0.2804	0.2373	0.60701	0.1971	0.1887	0.7066
40	0.3356	0.2792	0.2340	0.60305	0.1933	0.1835	0.7103
45	0.3353	0.2780	0.2308	0.59900	—	—	0.7140
50	0.3350	0.2768	0.2275	0.59487	—	—	0.7177

附录六 KCl 溶液的电导率

单位：S/m

| T/℃ | c/(mol/L) | | | |
	1.000①	0.1000	0.0200	0.0100
0	0.06541	0.00715	0.001521	0.000776
5	0.07414	0.00822	0.001752	0.000896
10	0.08319	0.00933	0.001994	0.001020
15	0.09252	0.01048	0.002243	0.001147
16	0.09441	0.01072	0.002294	0.001173
17	0.09631	0.01095	0.002345	0.001199
18	0.09822	0.01119	0.002397	0.001225
19	0.10014	0.01143	0.002449	0.001251
20	0.10207	0.01167	0.002501	0.001278
21	0.10400	0.01191	0.002553	0.001305
22	0.10594	0.01215	0.002606	0.001332
23	0.10789	0.01239	0.002659	0.001359
24	0.10984	0.01264	0.002712	0.001386
25	0.11180	0.01288	0.002765	0.001413
26	0.11377	0.01313	0.002819	0.001441
27	0.11574	0.01337	0.002873	0.001468
28	—	0.01362	0.002927	0.001496
29	—	0.01387	0.002981	0.001524
30	—	0.01412	0.003036	0.001552
35	—	0.01539	0.003312	
36	—	0.01564	0.003368	

① 在空气中称取 74.56g KCl，溶于 18℃水中，稀释到 1L，其浓度为 1.000mol/L（密度为 1.0449 g/cm），再稀释得其他浓度的溶液。

附录七　无限稀释时常见离子的摩尔电导率（25℃）

正离子	$\lambda_{m,+}^{\infty}/(10^{-2}S\cdot m^2/mol)$	负离子	$\lambda_{m,-}^{\infty}/(10^{-2}S\cdot m^2/mol)$
H^+	3.4982	OH^-	1.98
Tl^+	0.747	Br^-	0.784
K^+	0.7352	I^-	0.768
NH_4^+	0.734	Cl^-	0.7634
Ag^+	0.6192	NO_3^-	0.7144
Na^+	0.5011	ClO_4^-	0.68
Li^+	0.3869	ClO_3^-	0.64
Cu^{2+}	1.08	MnO_4^-	0.62
Zn^{2+}	1.08	$HClO_3^-$	0.4448
Cd^{2+}	1.08	Ac^-	0.409
Mg^{2+}	1.0612	$C_2O_4^{2-}$	0.480
Ca^{2+}	1.190	SO_4^{2-}	1.596
Ba^{2+}	1.2728	CO_3^{2-}	1.66
Sr^{2+}	1.1892	$[Fe(CN)_6]^{3-}$	3.030
La^{3+}	2.088	$[Fe(CN)_6]^{4-}$	4.420

附录八　原子吸收分光光度法中常用的分析线

元素	λ/nm	元素	λ/nm	元素	λ/nm
Ag	328.07,338.29	Hg	253.65	Ru	349.89,372.80
Al	309.27,308.22	Ho	410.38,405.39	Sb	217.58,206.83
As	193.64,197.20	In	303.94,325.61	Sc	391.18,402.04
Au	242.80,269.77	Ir	209.26,208.88	Se	196.06,203.99
B	249.68,249.77	K	766.49,769.90	Si	251.61,2501.69
Ba	553.55,455.40	La	50.13,418.73	Sm	429.67,520.06
Be	234.86	Li	670.78,323.26	Sn	224.61,286.33
Bi	223.06,22.83	Lu	35.96,328.17	Sr	460.73,407.77
Ca	422.67,239.86	Mg	285.21,279.55	Ta	271.47,277.59
Cd	228.80,326.11	Mn	279.48,403.68	Tb	432.65,431.89
Ce	520.0,369.7	Mo	313.26,317.04	Te	214.28,225.90
Co	240.71,242.49	Na	589.00,330.30	Th	371.90,380.30
Cr	357.87,359.35	Nb	334.37,358.03	Ti	364.27,337.15
Cs	852.11,455.54	Nd	463.42,471.90	Tl	267.79,377.58
Cu	324.75,327.40	Ni	232.00,341.48	Tm	409.40
Dy	421.17,404.60	Os	290.91,305.87	U	351.49,358.49
Er	400.80,415.11	Pb	216.70,283.31	V	318.40,385.58
Eu	459.40,462.72	Pd	247.64,244.79	W	255.14,294.74
Fe	248.33,352.29	Pr	495.14,513.34	Y	410.24,412.83
Ga	287.42,294.42	Pt	265.95,306.47	Yb	398.80,346.44
Gd	368.41,407.87	Rb	780.02,794.46	Zn	213.86,307.59
Ge	265.16,275.46	Re	346.05,346.07	Zr	360.12,301.18
Hf	307.29,286.64	Rh	343.49,339.69		

参 考 文 献

[1] 柳仁民.仪器分析实验 [M].青岛：中国海洋大学出版社，2018.

[2] 刘雪静.仪器分析实验 [M].北京：化学工业出版社，2019.

[3] 首都师范大学《仪器分析实验》教材编写组.仪器分析实验 [M].北京：科学出版社，2016.

[4] 武汉大学化学与分子科学学院实验中心.仪器分析实验 [M].武汉：武汉大学出版社，2005.

[5] 陈培榕，李景虹，邓勃.现代仪器分析实验与技术 [M].北京：清华大学出版社，2006.

[6] 王淑华，李红英.仪器分析实验 [M].北京：化学工业出版社，2019.

[7] 罗立强，徐引娟.仪器分析实验 [M].北京：中国石化出版社，2019.

[8] 方惠群，于俊生，史坚.仪器分析 [M].北京：科学出版社，2002.

[9] 白玲，石国荣，王宇昕.仪器分析实验 [M].北京：化学工业出版社，2021.

[10] 王元兰.仪器分析实验 [M].北京：化学工业出版社，2020.

[11] 冯金城.有机化合物结构分析与鉴定 [M].北京：国防工业出版社，2003.

[12] 武汉大学化学系.仪器分析 [M].北京：高等教育出版社，2001.

[13] 《仪器分析实验》编写组.仪器分析实验 [M].上海：复旦大学出版社，1988.

[14] 霍冀川.化学综合设计实验 [M].北京：化学工业出版社，2007.

[15] 刘约权，李贵深.实验化学 [M].北京：高等教育出版社，2005.

[16] 张晓丽.仪器分析实验 [M].北京：化学工业出版社，2006.

[17] 赵文宽.仪器分析实验 [M].北京：高等教育出版社，1997.

[18] 中国科学技术大学化学与材料科学学院实验中心.仪器分析实验 [M].合肥：中国科学技术大学出版社，2011.

[19] 陈国松，陈昌云.仪器分析实验 [M].南京：南京大学出版社，2009.

[20] 苏克曼，张济新.仪器分析实验 [M].北京：高等教育出版社，2005.

[21] 王亦军，吕海涛.仪器分析实验 [M].北京：化学工业出版社，2009.

[22] 宋桂兰.仪器分析实验 [M].北京：科学出版社，2010.

[23] 张剑荣.仪器分析实验 [M].北京：科学出版社，2009.

[24] 蔡艳荣.仪器分析实验教程 [M].北京：中国环境科学出版社，2010.

[25] 谷春秀.化学分析与仪器分析实验 [M].北京：化学工业出版社，2012.